纺织服装高等教育“十二五”部委级规划教材
武汉市科技局重点攻关项目（201160723220）

FASHION DRAWING
新编服装画艺术与表现

王小雷 著

東華大學出版社

图书在版编目(CIP)数据

新编服装画艺术与表现/王小雷著一上海:东华大学出版社,2013.3
ISBN 978-7-5669-0241-2

Ⅰ.①新... Ⅱ.①王... Ⅲ.①服装设计一绘画技法 Ⅳ.①TS941.28

中国版本图书馆 CIP 数据核字(2013)第 058799 号

责任编辑:杜亚玲 谭 英
封面设计:潘志远

新编服装画艺术与表现
Xinbian Fuzhuanghua Yishu yu Biaoxian

王小雷 著
东华大学出版社出版
上海市延安西路 1882 号
邮政编码:200051 电话:(021)62193056
新华书店上海发行所发行
苏州望电印刷有限公司印刷
开本:889mm×1194mm 1/16
印张:8.5 字数:299 千字
2013 年 3 月第 1 版 2015 年 8 月第 2 次印刷
ISBN 978-7-5669-0241-2/J·134
定价:35.00 元

前 言

服装画作为一门特殊的绘画艺术，在服装艺术这个大家庭中，用自身独特的艺术风格和审美情趣发挥着特有的魅力。

本书是作者多年从事服装专业学习与教学经验的总结，许多章节与图例更是经过实际教学的反复检验与修改，并在此基础上总结出了一套系统的、行之有效的服装画学习方法。全书结构明确、条理清晰，包括素描稿与色彩稿两大部分。第一部分主要有人体知识、服装画人体的运用、人体着装、服装画素描稿的完整表现以及训练方法等。第二部分主要有服装画色彩稿表现的基本程序、不同的表现技法以及不同风格作品的分析等。

系统性、连贯性以及可行性的理念一直贯穿本书，并成为本书的重点与特色。代表章节有第二章中的第二节、第三节，分别以图例的形式清晰地展示了服装画人体的表现过程，为服装画人体的学习提供了直接的素材；第四章中的第一节讲述了人体着装方法，强调了人与衣的结合，为服装画知识的进一步提高以及服装设计的表达奠定了基础。另外，本章节中服装画素描稿的重点与难点能有效地解决读者在服装画学习过程中的实际难题。

为人师，接触最多的便是学生，他们的鼓励与期望是本书得以问世的根基。另外，本书在编写过程中得到了许多同仁及朋友们的帮助。我要特别感谢杜亚玲编辑，她为本书的出版、编辑工作作出了极大的贡献；赵苗同学为本书做了大量的图片编辑工作，为本书增色不少。在此向他们以及那些曾经帮助过我的朋友们表示衷心的感谢!

虽尽全力，但仍存不足之处，欢迎广大读者不吝赐教!

作 者

2012年8月

目 录

第一章 服装画概述

对我们来说，服装画的学习有如在热带丛林探险般充满了奇趣与挑战！在这里不仅可以学习如何掌握各种优美的人体动态、充满魅力的面部造型，还可以学会给服装添上缤纷的色彩。虽然在服装画的学习过程中可能会遇到一些小的难题，但如果能将自己脑海中美妙的服装轻松地表现出来，还有什么事情会比这更加有趣呢？相信读者一定能够以愉快的心情看完这本书！

第一节 服装画的涵义

1.什么是服装画

它是以服装为表现主体的插图绘画。它是运用不同的手法及相关材料，表现人体在着装后的视觉效果，是艺术性与技术性相结合的一种特殊形式的画种。从设计师的设计草图到独立的艺术表达方式，其兼顾了服装的实用性、商业性以及艺术的创造性和传达性。

2.服装画的目的与意义

虽然服装画所表现的主题内容、形式以及手法各异，但其目的基本相同，主要体现在三个方面：一是表达设计师的设计意图。通过服装画的形式来体现设计师对潮流的把握。二是在设计师与工艺师之间起到桥梁的作用。通过画面，工艺师不仅可以掌握服装的结构、比例，同时还能进一步洞察作品风格，为设计的完美体现奠定基础。三是广告、宣传的作用。服装画以其独有的艺术魅力在服装及相关领域的广告、宣传上占有一席之地。

3.服装画的特点

首先它是艺术与技术的结合。服装画以绘画的形式出现，采用绘画的艺术语言来表达作品主题，因此具备绘画艺术的基本特征。同时，服装画表现的主体——服装，又必须满足人类生产、生活的基本要求，受制于设计艺术必备的技术性，包括相应的生产条件及工艺手段等。其次，它是艺术性与实用性的结合。服装画虽然具备绘画艺术的基本特点，但仍有别于纯绘画艺术，因为服装画表现的主题是服装。从实用层面分析，服装画是沟通设计师与工艺师之间的纽带，设计师必须考虑完成的可能性以及成衣效果，因此，服装画也具备设计图的功能。

第二节 服装画的类别

1.构思图

用简单的笔法，表达设计师的设计意图。它是设计师灵感的瞬间记录，某些地方甚至简化成只有设计师自己知晓的符号。构思图虽然不尽完善，但却是激发设计师创作灵感的火花，最能体现设计师初始的设计意图。

2.效果图

它是对构思图的进一步完善，有完整的设计构思、明确的用色、用料方案，并通过“人与衣”之间的协调关系，进一步展示作品的设计风格以及款式特征。

3.款式图

直接使用单线勾画出服装各部位比例与结构关系，重点刻画服装的款式、局部造型以及配件等，无需画出服装人体。某些部位甚至单独放大成图，或者使用文字说明以及直接粘贴相关材料等手法，多用于成衣生产，是设计师与工艺师之间有效的沟通工具。

4.广告与插图

这是时装画的初衷，摆脱了单一“说明式”的服装广告模式，强调使用艺术手法对主题的描绘，使服装的艺术性与商业性得到完美统一。在摄影技术高度发达的今天，时装画广告以其特有的艺术魅力，在各类媒体中仍占一席之地。

第三节 服装画的发展概况

1.服装画的产生

服装伴随着人类文明的发展，自古以来就是人们乐于表现的素材，它有着自身的形式美。最初的服装画由于印刷技术的不发达，只限于版画形式，并逐渐形成了自己的特色。版画形式的服装画经过漫长的历史演变，并伴随着一些报刊杂志的出版，如：1672年的《Le Mecure Galant 》、1759年的《The Lady’s Magazine 》以及1794年的《Gallery of fashion》等，使服装画艺术成为服装信息传播的主要形式。

2.服装画的兴衰

20世纪前30年是服装画艺术的鼎盛时期，包括《BAZZAR》《VOGUE》在内的时尚杂志大量采用服装画作为插图，甚至是杂志的封面。但随着摄影技术的进一步发展，直观的摄影图片已经逐步取代了传统的服装画艺术，清晰、逼真的封面女郎充斥着各类时尚杂志，成为流行传播的主要形式。1932年7月，斯坦颖（Edward Steichen）首次为《VOGUE》美国版封面摄影。从此，服装摄影取代了服装画在服装杂志中的主导地位。随着服装画家埃里克和勒内·布歇分别于1958年和1963年去世，服装画作为杂志的主要形式宣告结束。之后，只有安东尼奥凭其独特的艺术风格成为了当今最有影响力的服装画家。

然而，服装画并没有因为摄影技术的进步而消失，许多时尚编辑、服装画家依然坚守着他们的圣地。60年代美国人约翰·费查尔德创办的服装报纸《W.W.D》大量采用服装画家制作的插图，为服装画的发展起到了推动作用。今天，越来越多的人已经领略到服装画带来的艺术魅力：它一扫摄影图片单一、冷漠的表现形式，通过丰富多彩的画面渲染，带给了人们更多的想象空间。另外，设计师的加入也进一步增强了服装画的艺术魅力，包括蒙塔纳、圣·罗朗、阿玛尼等。在我国，《良友》杂志也曾创办了“新装漫话”栏目，刊登了不同季节的时尚新款，其中包括张令涛、万古蟾、万涤寰以及叶浅予等前辈的作品。画中除生动的人物造型外，服装的款式设计也新颖大方，图案花色也都别具风格，可称作我国早期的服装画了。

今天，数字技术被广泛应用于服装画领域，在技法表现、效果制作上日臻成熟，为服装画艺术的发展提供了新的契机。

第四节 服装画与服装设计的关系

1.设计的有效工具

服装画具有方便、快捷的特点，而且成本低廉，适合于任何场合。因此，直到今天还没有一种形式能够取代服装画用于服装设计的表达。

2.设计的基本手段

国内外大多数成功的服装设计师都是服装画的行家里手。一幅成功的服装画作品不仅能够尽善尽美地体现作者的设计意图，同时，图中完美的人体动态、绚丽的色彩以及优美的线条都会带给设计师无尽的设计灵感。

3.设计的必要保障

好的创意与构思是服装设计成功的关键所在。然而，设计有时会在漫长的实施过程中偏离了初衷。因此，服装画的存在为顺利完成设计初衷提供了保障。同时，成功的服装设计也为服装画的创作提供了新的源泉。

第五节 服装画的基本内容与方法

1.基本内容

服装画所包涵的内容虽繁杂，但对其进行归纳总结后会发现，主要包括素描稿、色彩稿两方面。

素描稿是画好服装画的基础，包括人体结构、比例与动态以及着装四个主要方面。由于学习时装画的目的各不相同，因此，对所学内容的要求也有所区别。对初学者来说，掌握好一到两个常见的人体动态及着装步骤即可，入门的要求并不高。而对有基础者而言，则需按照设计要求，组织出符合服装风格特征的人体动态，努力做到“人与衣”的完美结合。因此人体写生、速写等基础知识的学习则必不可少。

色彩稿是素描稿的完美与提升，它是通过采用色彩的表现手法，对服装进行描绘。由于表现服装画的工具繁多，不可能一一掌握，但对各种色彩工具的了解则有利于取长补短、融会贯通。经常使用的着色技法包括水彩、水粉以及彩色铅笔等。

2.学习方法

在人们的印象中，似乎所有学科的学习方法都大同小异，服装画的学习也不例外。

首先是多读。它主要包涵两个层面：一是量的积累，只有数量上上了一个台阶，才会自明其理；二是多分析、多动脑，特别是一些好的服装画作品，一定要反复研究，从各方面进行分析，找出优点为己所用。对初学者来说，每一个步骤的掌握、每一个局部的深入分析都非常关键。比如许多初学者画手时往往囫囵吞枣，如果能找一本解剖书，掌握了手的结构，然后查阅一些手部的摄影作品，分析其动作姿态，并结合服装画中的一些成功案例，将几方面的知识综合起来，就一定能够解决好画手这一难题。

其次是多练。服装画的完善除了作者的心路之外，更重要的是需要反复练习，使表现技法更加娴熟。同时多练还必须讲求正确的方法，许多学生花费几周时间临摹一两张服装画，单从表面看已是无懈可击，但要画一两张属于自己的作品，结果却不尽人意。其原因在什么地方呢？其实道理很简单，那就是违背了事物发展的基本规律，片面强调表面效果。试想，如果没有掌握基本的人体知识，怎么可能理解并创造出优美的人体动态？基本的写实功力不够，写意、变形的作品便为无本之源，就更谈不上自我创作了。因此，本书加入了大量的基础练习，包括人体结构、动态、比例关系以及服装材料的表现等，其目的就是要加强每个环节的学习。

第二章 服装画中的人体知识

虽然服装画表现的对象是服装，但服装的主体是人，所以服装画展示人体着装后的效果。不同的肢体语言能更好地烘托服装的氛围、表现现服装的内在精神。服装画中的服装和人已融为一体，因此，掌握人体的基本知识是学习服装画的第一步。

第一节 人体结构的基本知识

1.人体组成

（1）头部——脑颅和面部。

（2）躯干——颈、胸、腰、腹背。

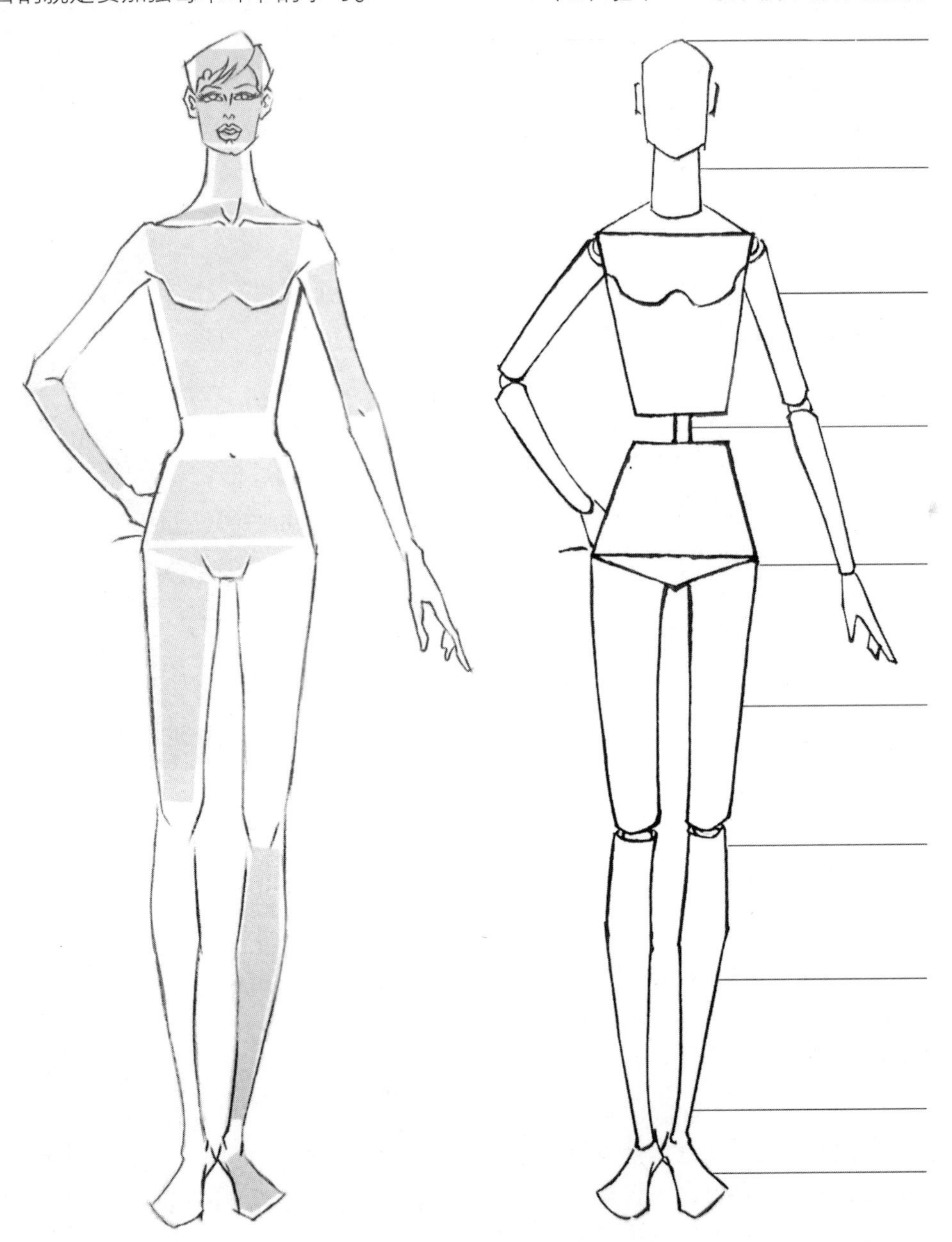

图2-1 人体体块的归纳与运用

（3）上肢——肩、上臂、前臂、腕和手。

（4）下肢——髋部、大腿、小腿、踝关节、脚。

2.体块归纳（见图2-1）

（1）头部——长方形或倒置的鸡蛋形（用常见的几何形对人体主要部位进行归纳，有助于各体块的准确描绘）。

（2）颈——圆柱体。

（3）颈肩处——颈肩连接处显三角形，主要体现斜方肌形状。

（4）胸腔——从肩线到腰线间形成的倒梯形，显窄长状。

（5）腹腔——从腰线到胯骨线间形成的梯形，显扁宽状。

（6）手臂——圆柱体。

（7）手——显菱形，张开后显扇形。

（8）腿——圆柱体。

（9）脚——锥形。

（10）各关节——球形体。

第二节 服装画人体比例与标准格

1.纵向比例关系

（1）标准式（8.5头长）：一般采用八个半头长的人体比例关系，常用于成衣设计。由于八个半头长的人体比例关系和真实的人体较为接近，因此是学习人体比例知识的基础。

（2）夸张式（9头长）：9头或超过9头长的人体比例关系。小腿是人体夸张的主要部位，其次是大腿以及脖子。许多服装画的人体比例关系都超过了9头长，甚至达到12头长，其主要是通过小腿部位的拉长来完成。由于比例关系发生了较大的改变，人体相关部位的变化也较明显，多用于艺术性较强的服装款式。

（3）其他：强调个性化的表现形式，在人体比例关系的运用上往往一反常态，甚至出现小于7头长的人体比例关系。

2.横向比例关系

（1）女性：肩宽、腰宽、臀宽是人体的三个主要宽度。其中臀宽最为突出、其次是肩宽，腰的宽度最窄，头部宽度约占整个肩宽的1/2。

（2）男性：肩宽排在第一位、其次是臀宽。虽然腰部最窄，但是远没有女性人体中的臀腰差那么明显。

3.标准格（8.5头长）的绘制及分配

（1）天、地点：在画纸上确定天、地点的位置。

（2）1/2等份：将天、地点用一条垂线连接，并将这条垂线进行1/2分割。

（3）1/8等份：分别对1/2等份再进行四等份划分，一共产生八格，同时在地点部分再增加半格，完成标准格（8.5格）的绘制。

（4）头、胸腔、腹腔：头部占一等份、下颌到胸高点（胸围线处）占一等份、胸高点到腰节（腰部最细处）占一等份、腰节到胯骨线（臀部最宽处）占一等份。

（5）下肢：大腿、小腿各占二等份，脚占半格，共计8.5头长。

（6）上肢：垂直向下，中指尖到第5等份（即大腿1/2处）。

（7）上臂：到腰节（肘关节点到腰节）。

（8）前臂：腕关节略超过胯骨点。

（9）手长：从腕关节到中指尖接近一等份。

（10）脚长：一个等份（见图2-2、2-3）。

4.标准格应用

（1）初级阶段：对初学者而言，先确定好8.5头长的人体比例格，然后按比例关系添加人体，能使我们准确、迅速地画好服装画中的人体比例关系。

（2）提高阶段：有了一定的服装画基础后，可以不用标准格而直接进行服装人体的绘制，通过目测的方法来检验所画比例是否正确。这是一个重要的过渡阶段，我们要有足够的耐心，反复训练、认真检测（见图2-4~2-16）。

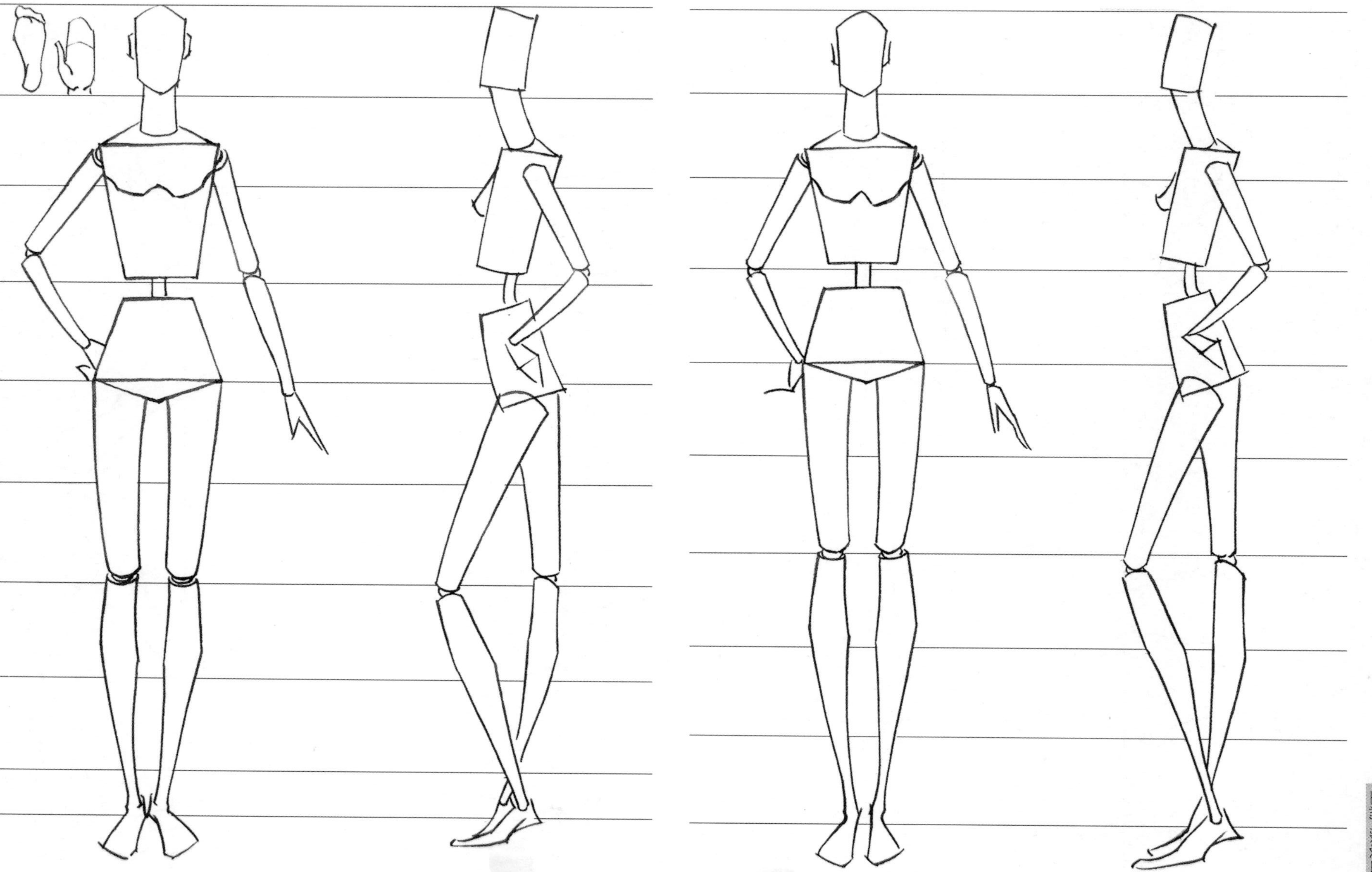

图2-2 8.5头长比例的绘制

图2-3 9头长比例的绘制

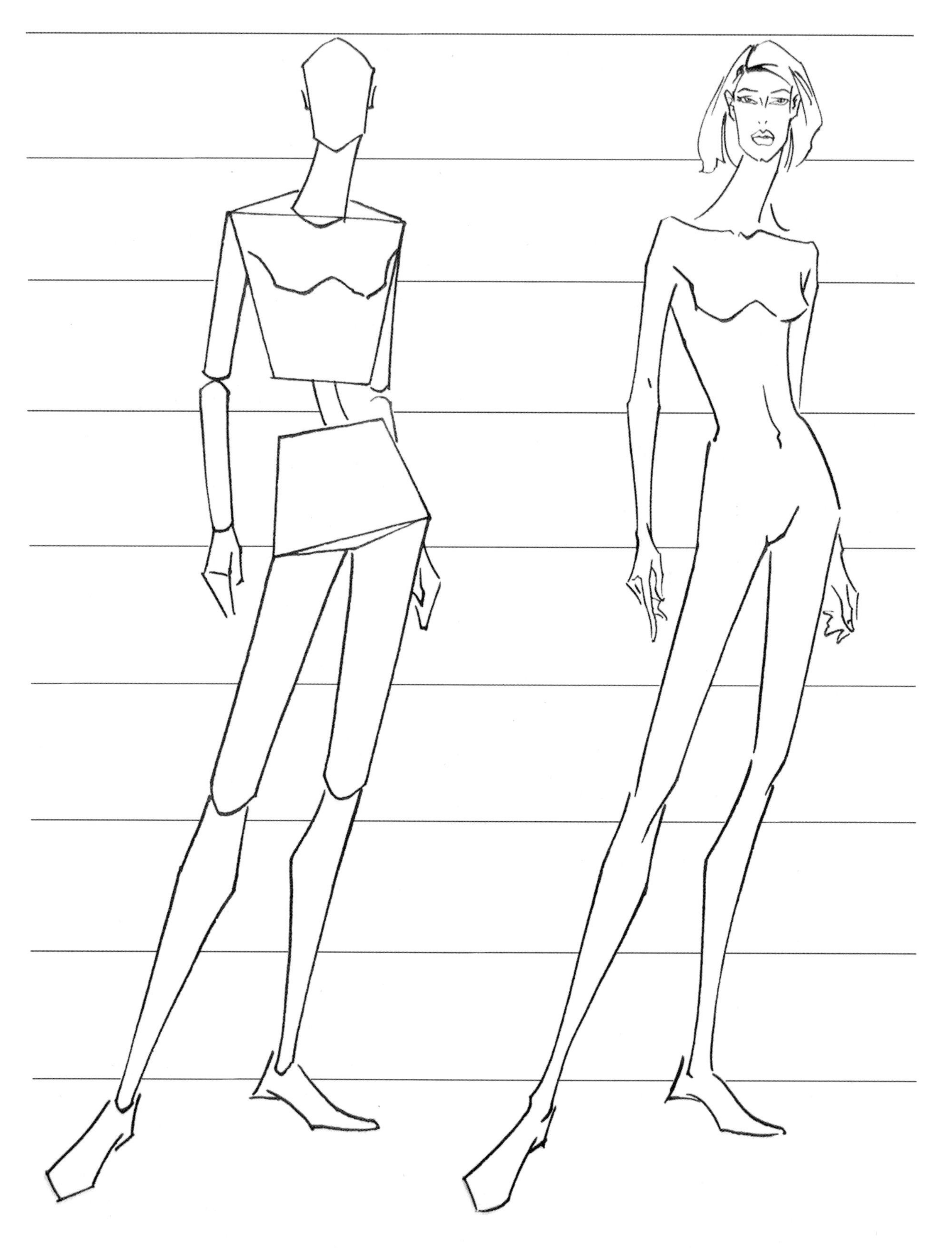

图2-4 女性人体在标准格中的应用图例一

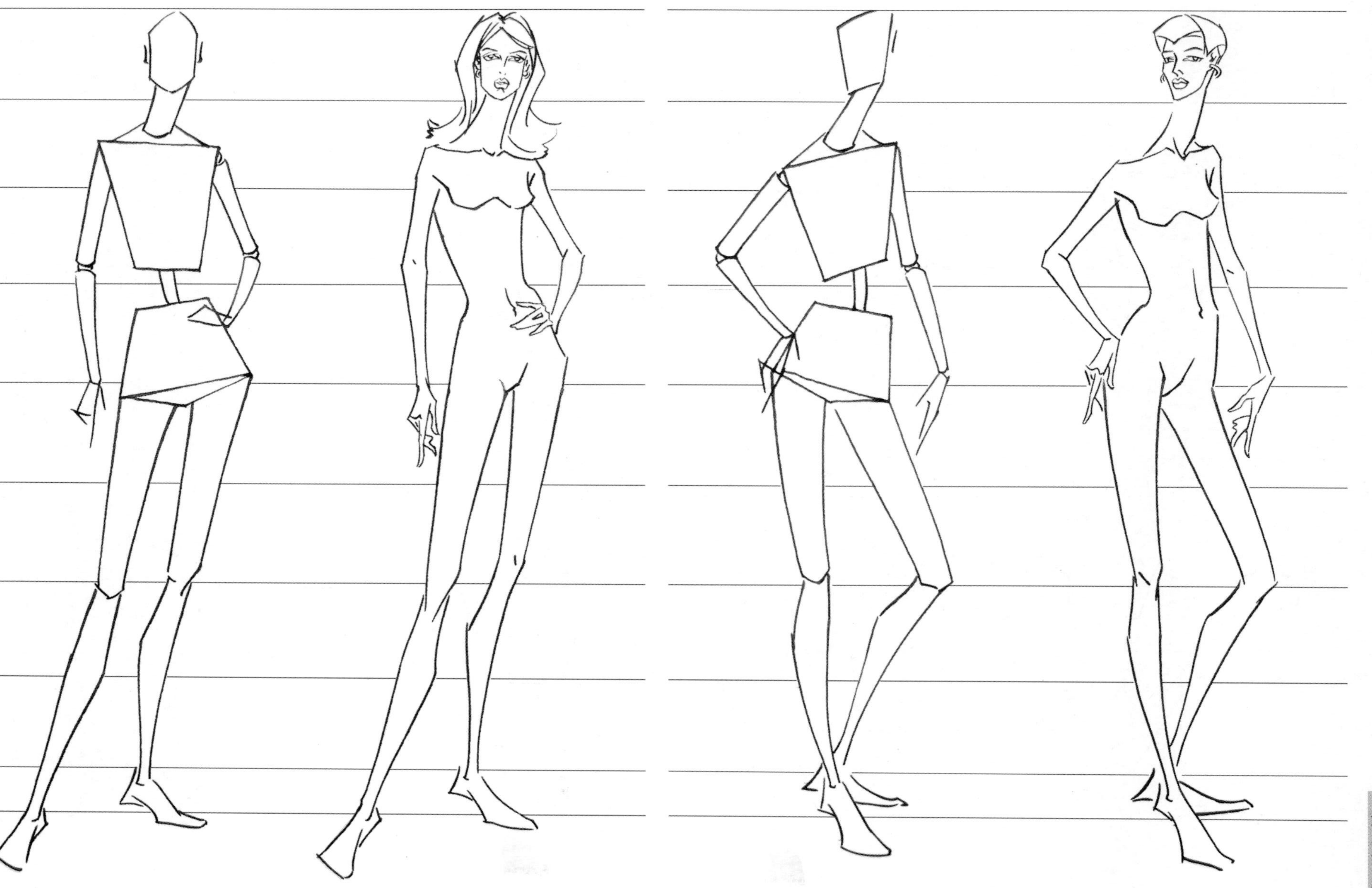

图2-5 女性人体在标准格中的应用图例二

图2-6 女性人体在标准格中的应用图例三

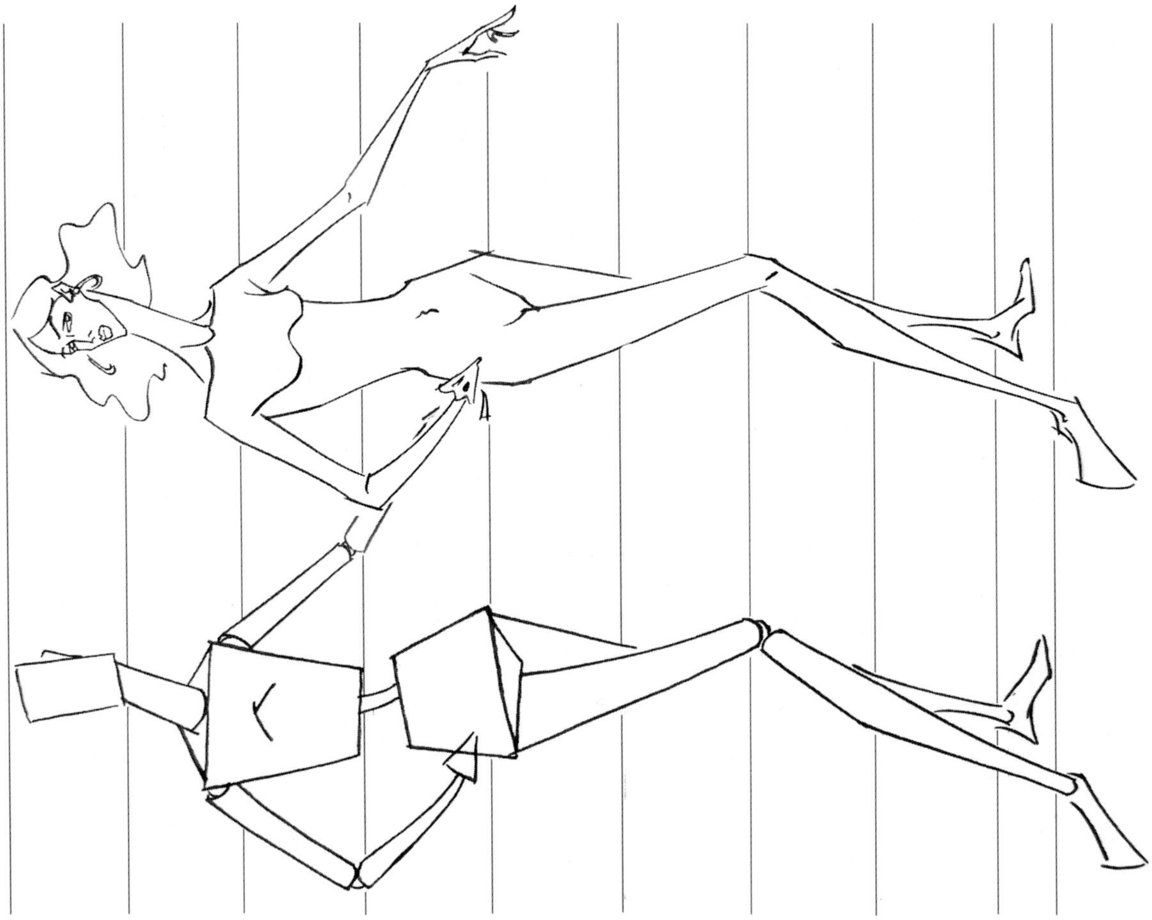

图2-7 女性人体在标准格中的应用图例四

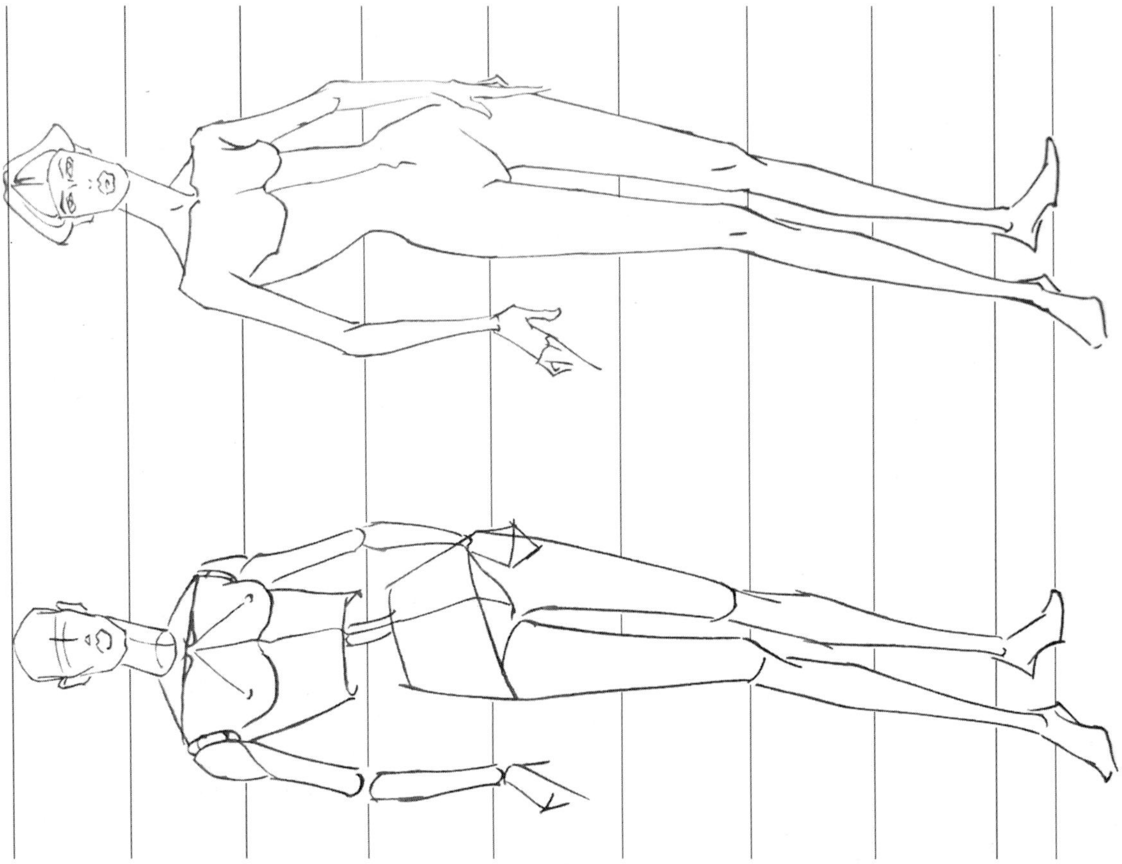

图2-8 女性人体在标准格中的应用图例五

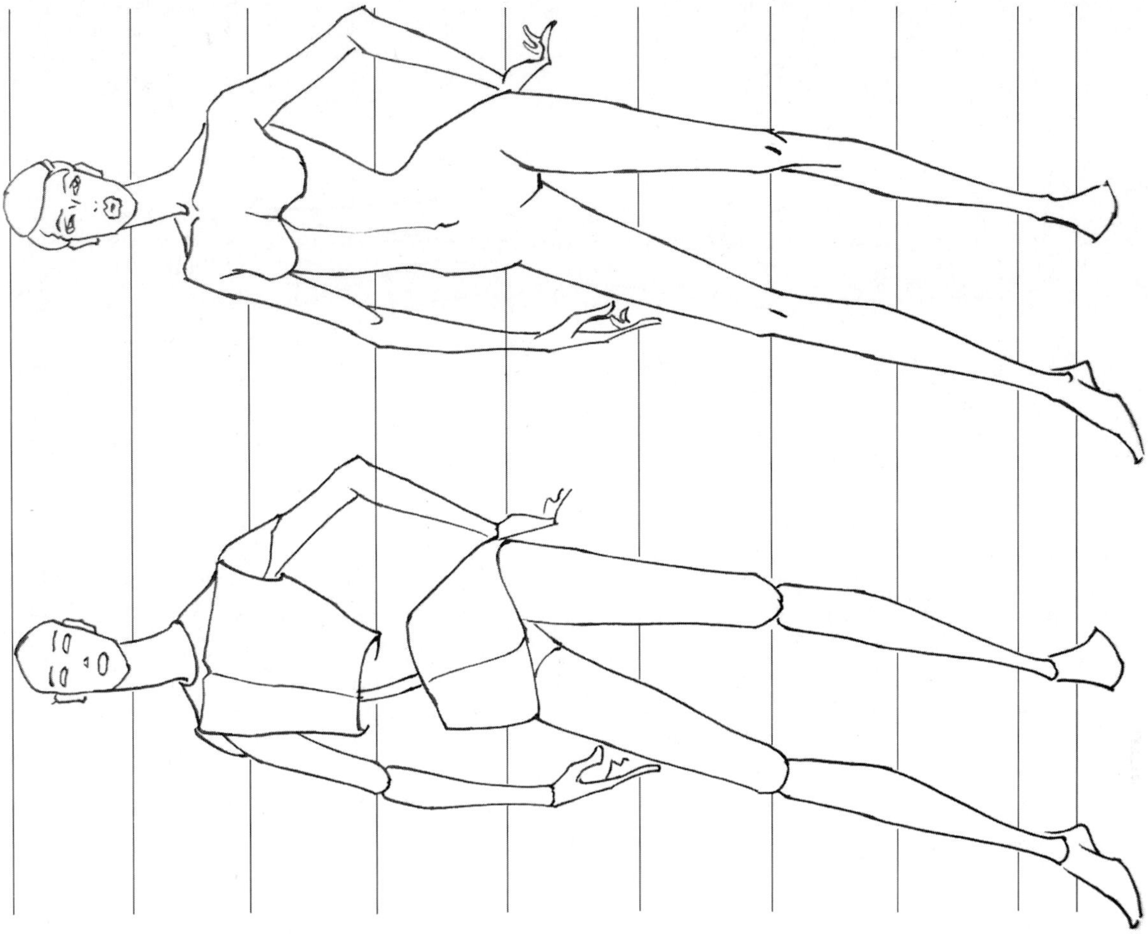

图2-9 女性人体在标准格中的应用图例六

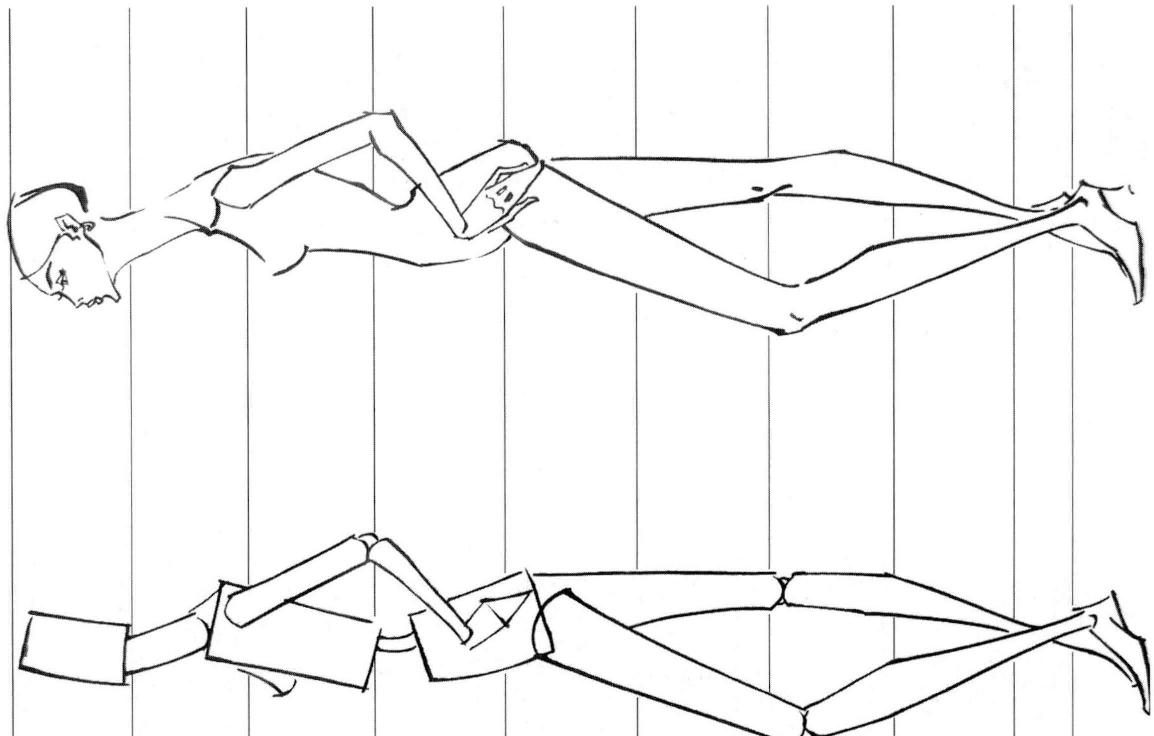

图2-10 女性人体在标准格中的应用图例七

图2-11 女性人体在标准格中的应用图例八

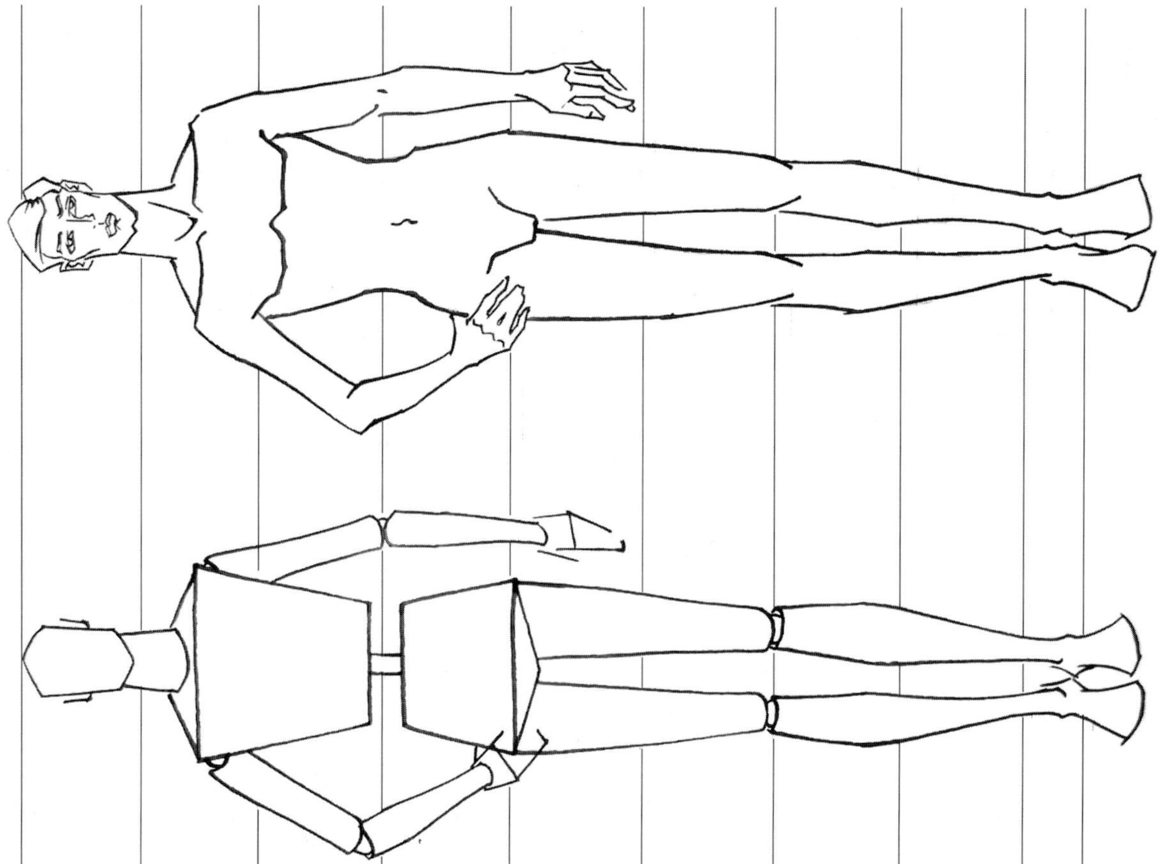

图2-12 男性人体在标准格中的应用图例一

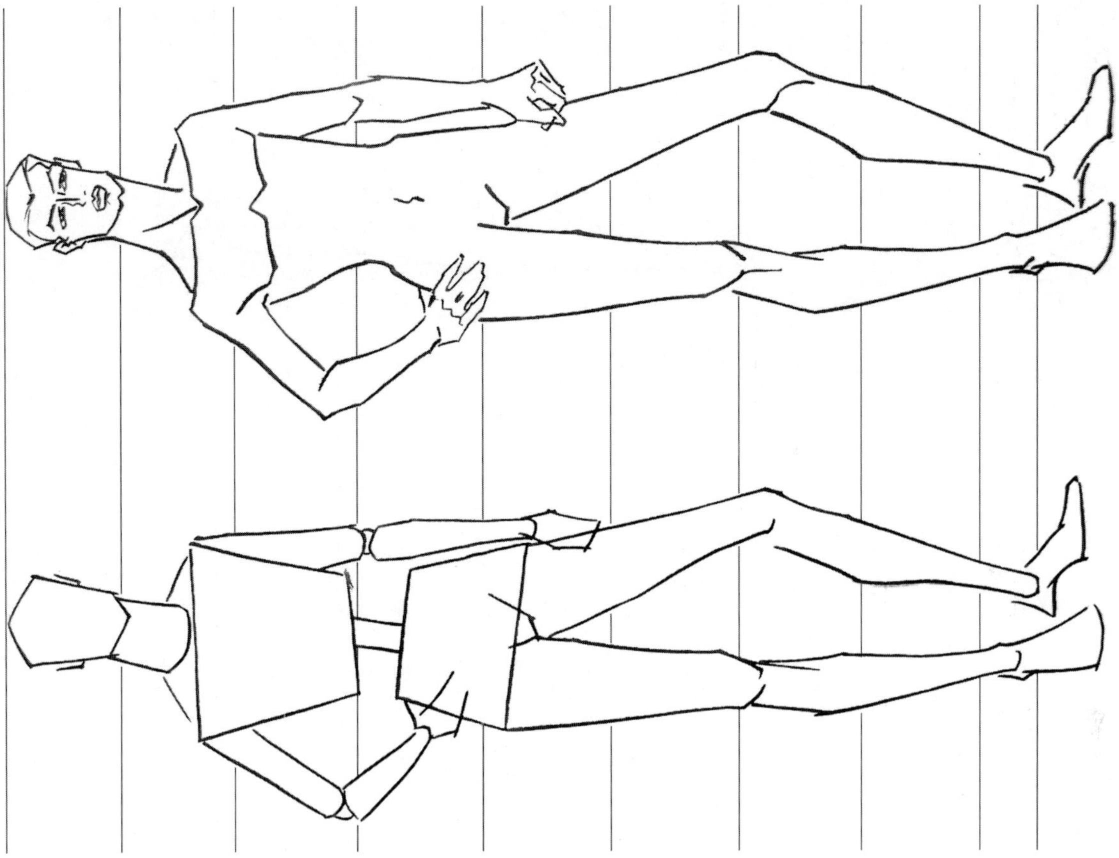

图2-13 男性人体在标准格中的应用图例二

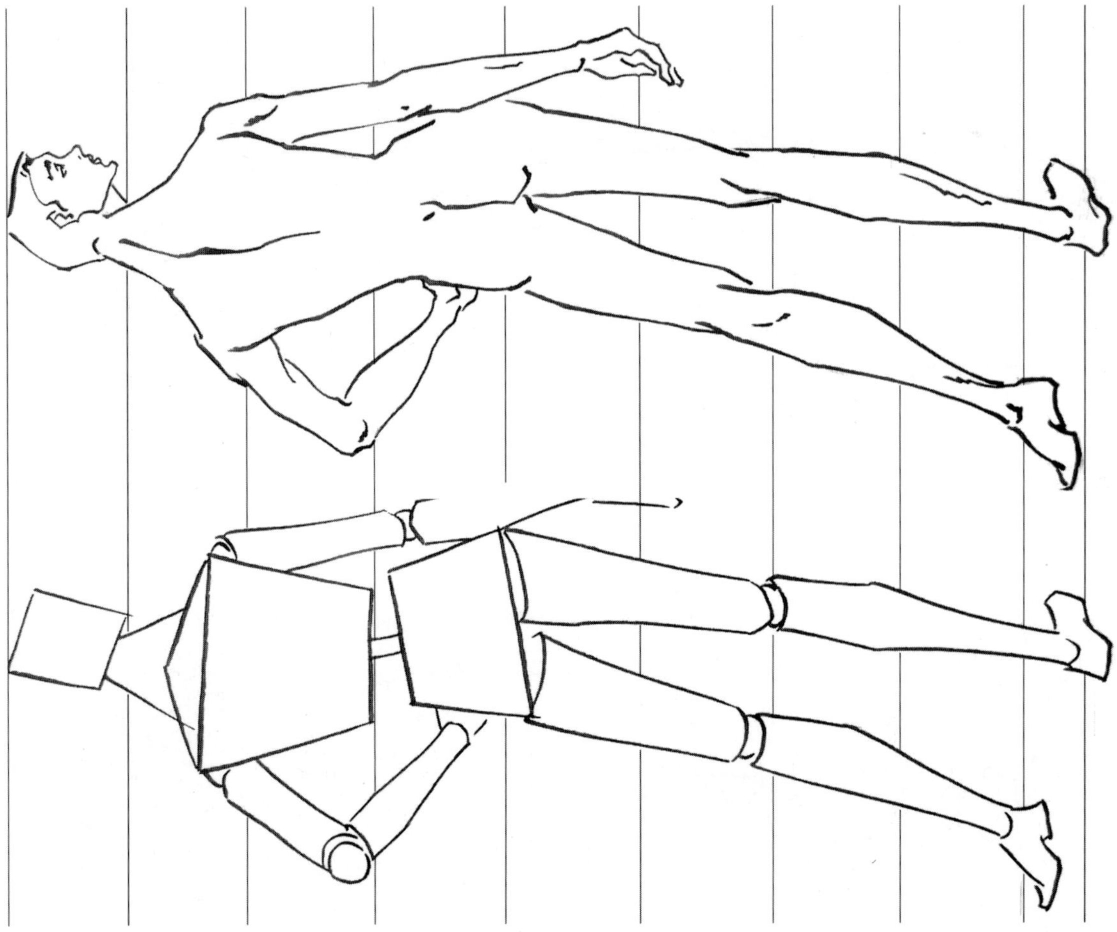

图2-14 男性人体在标准格中的应用图例三

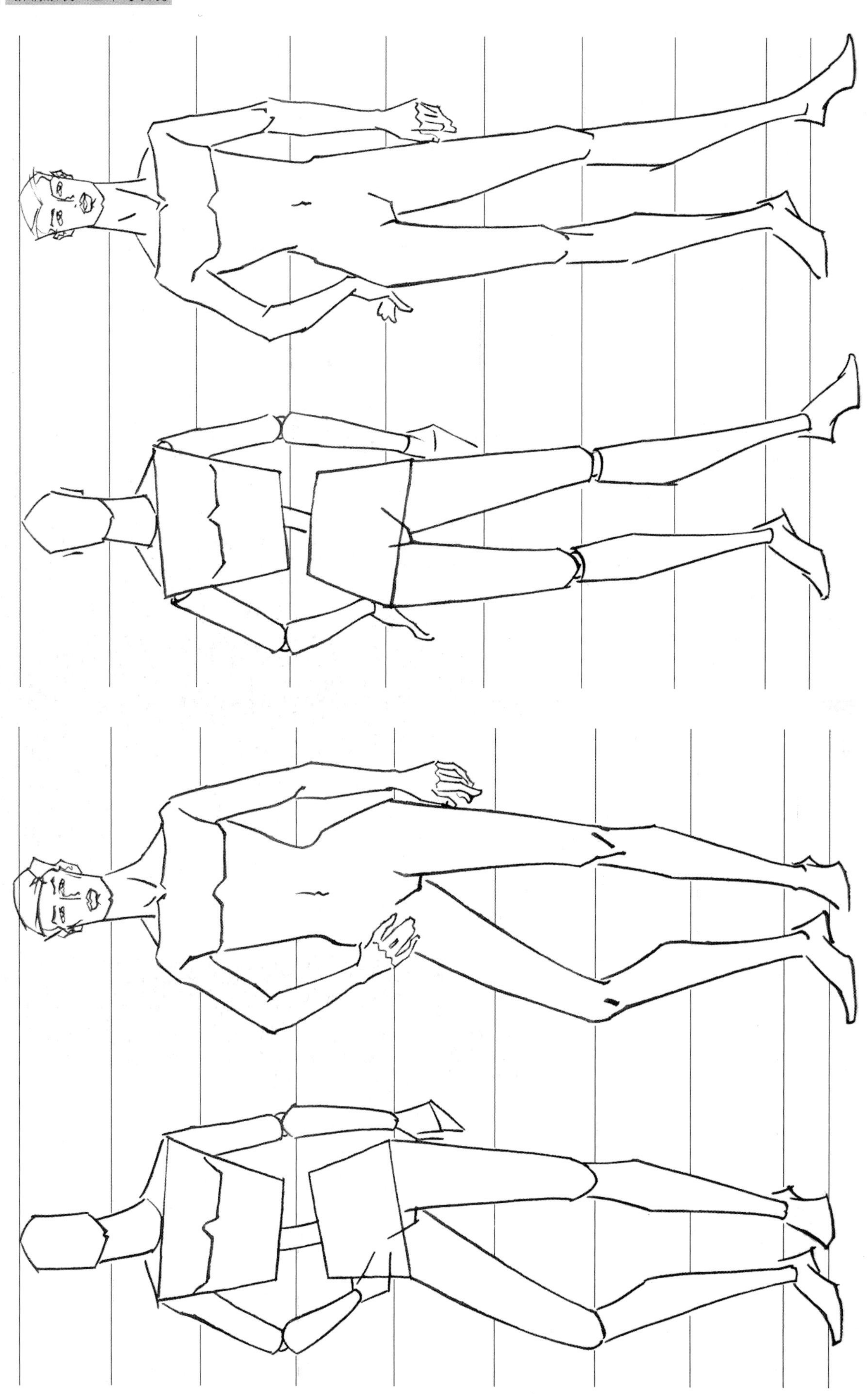

图2-15 男性人体在标准格中的应用图例四

图2-16 男性人体在标准格中的应用图例五

第三节 服装画人体动态与表现

1.动态分析

（1）腔体变化：丰富、优美的人体动态来源于胸腔、腹腔两个主要腔体的扭动，进而引起相关部位发生的一系列变化。

（2）肩线与胯骨线：人体动态变化中最主要的两条线。动作幅度越大、两条线的角度变化也越明显、消失点离人体本身也就越近。从正面观察还会发现膝关节的连线、踝关节的连线和胯骨线呈现出平行状，但如果观察的角度发生了变化，这些连线的平行关系也会随之而变。

（3）重心线：它是由颈窝点垂直向下的一条直线，如果在两脚面之间，说明人体重心是稳定的。

（4）动作协调：包括头部、颈部以及手、脚等相关部位的动态组合。

（5）辅助线：找出肩点、肘点、胯骨点以及脚的位置，并分别向下引出垂直线，观察、分析它们之间的位置关系（见图2-17~2-20）。

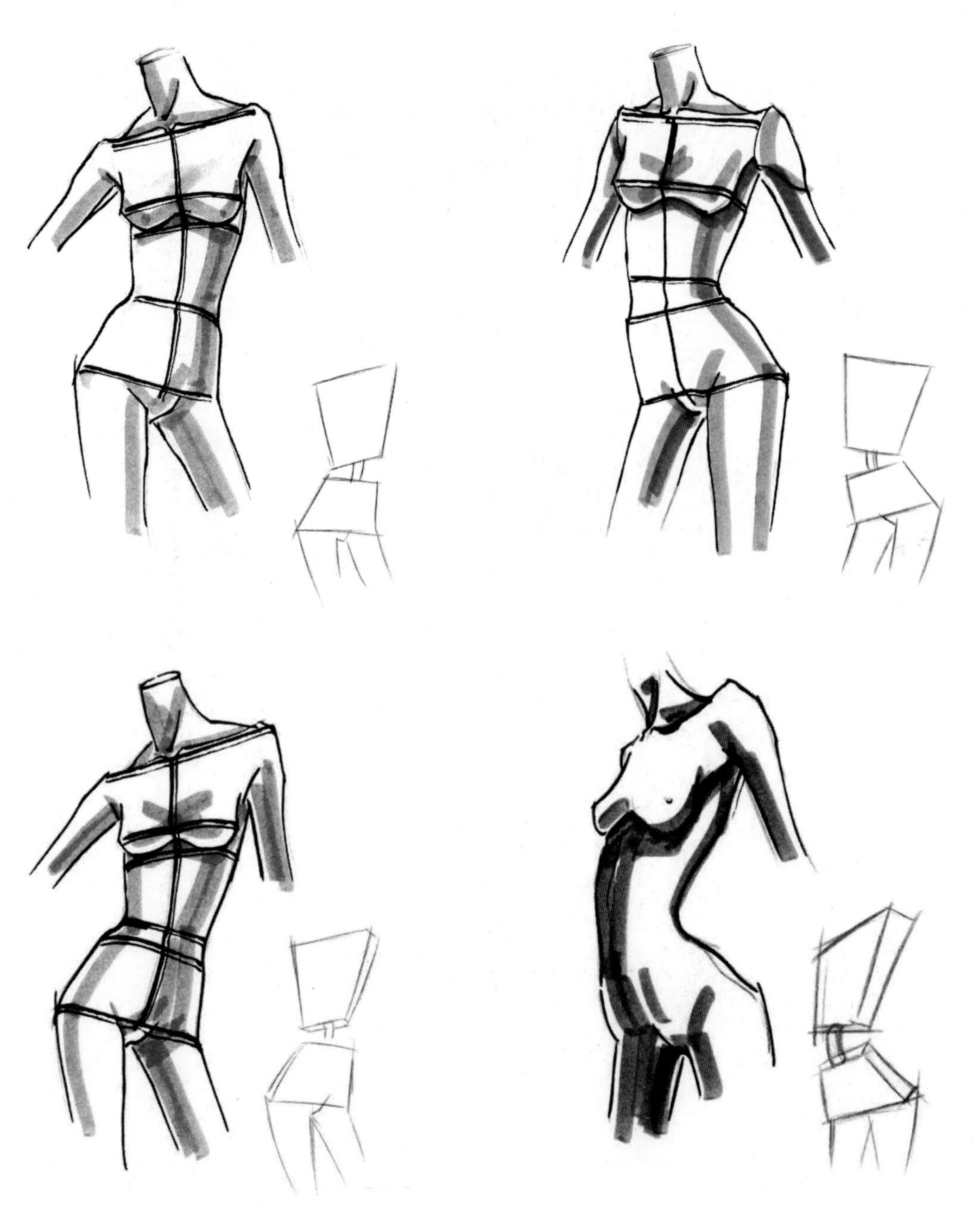

图2-17 动态分析图例一

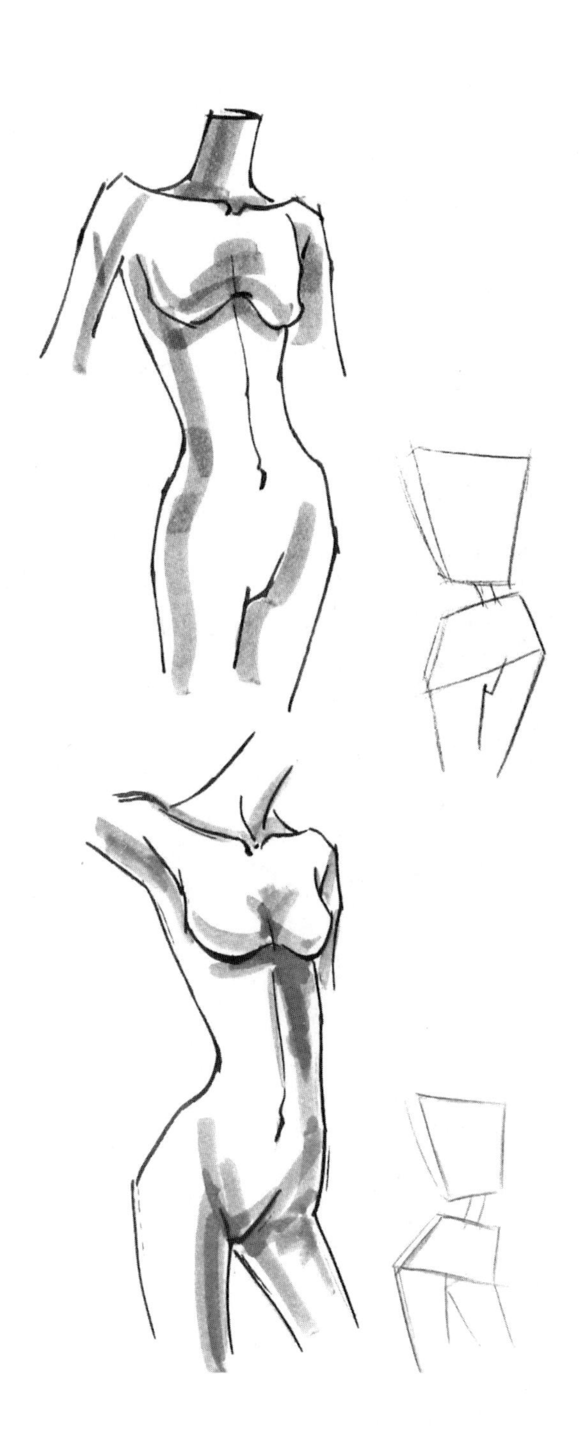

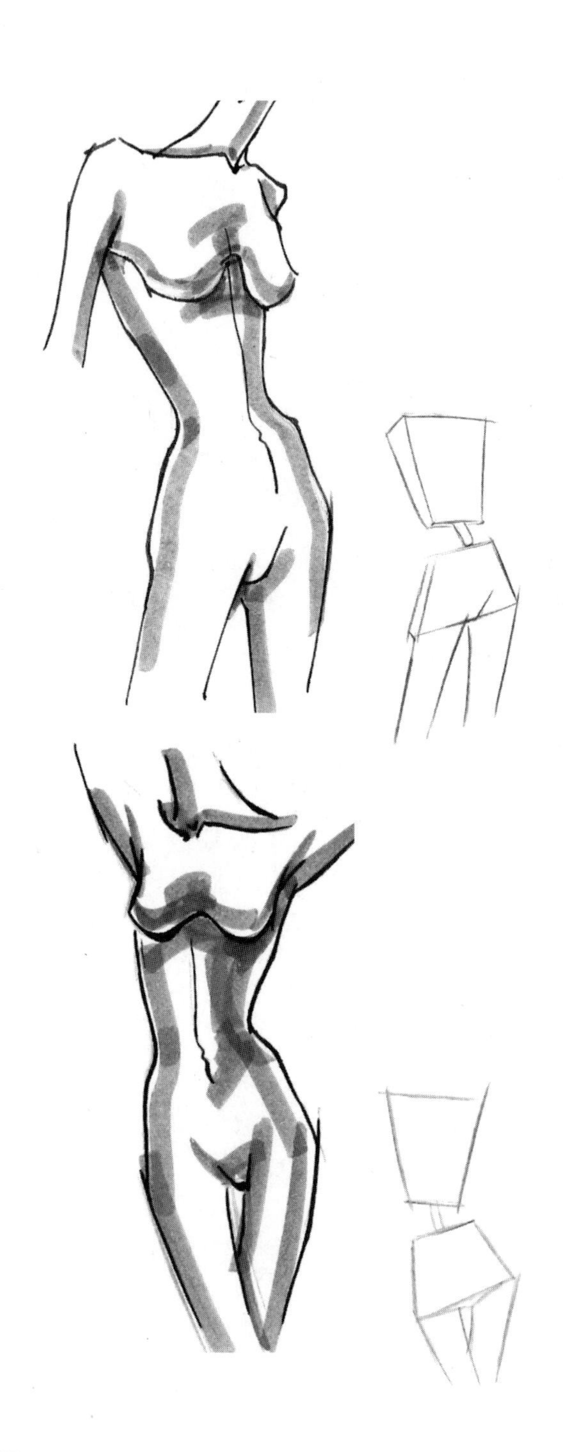

图2-18 动态分析图例二

图2-20 动态分析图例四

图2-19 动态分析图例三

2.动态表现

（1）体块形式：是人体动态表现的基础，主要通过直线以及块面的形式进行人体动态的描述，具有较强的概括力。重点强调胸腔、腹腔以及四肢等核心部位，达到了进一步明确和突出人体体块及其动态特征的目的，同时也便于发现错误与修改（见图2-21~2-24）。

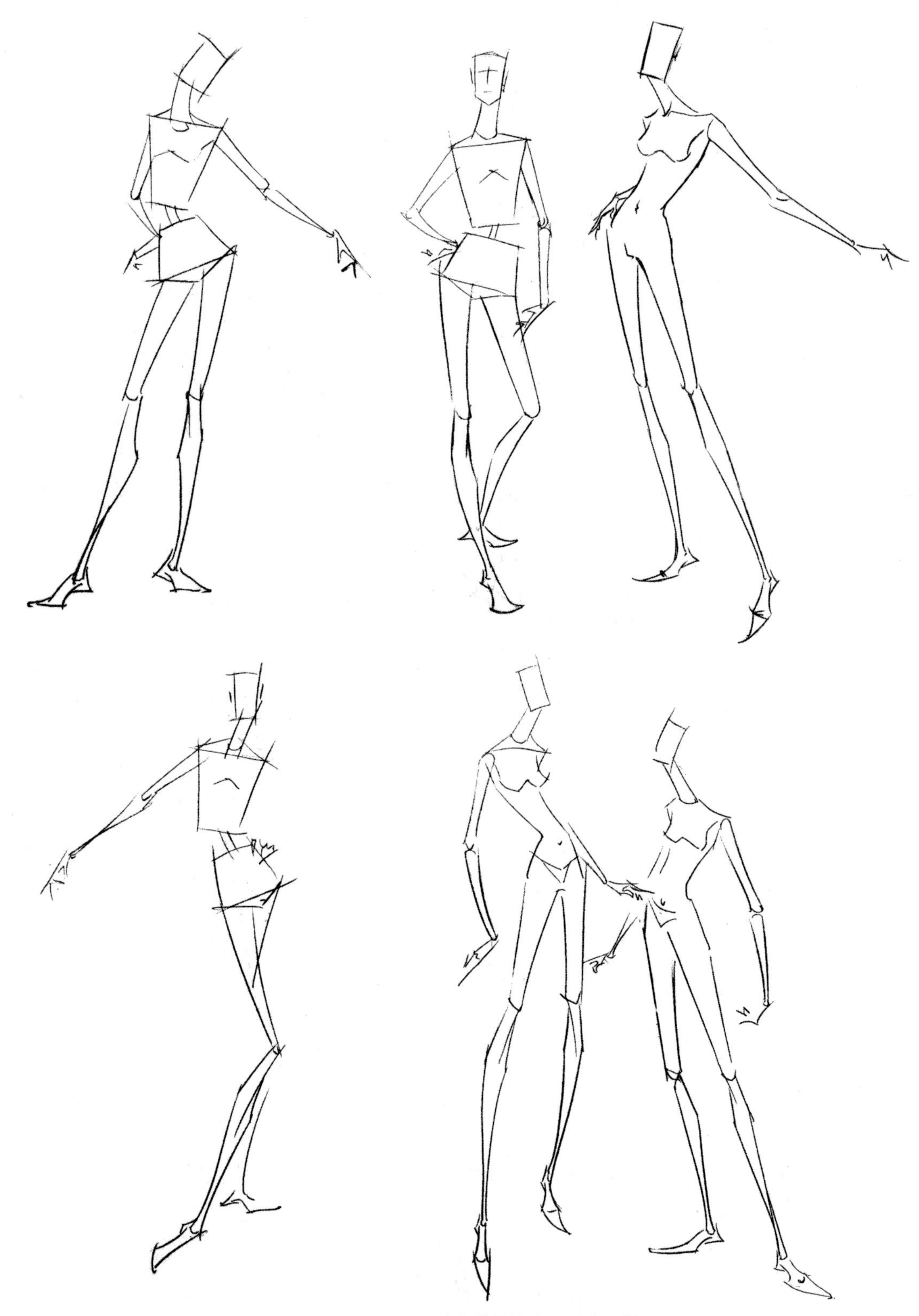

图2-21 动态的体块表现形式图例一

图2-22 动态的体块表现形式图例二

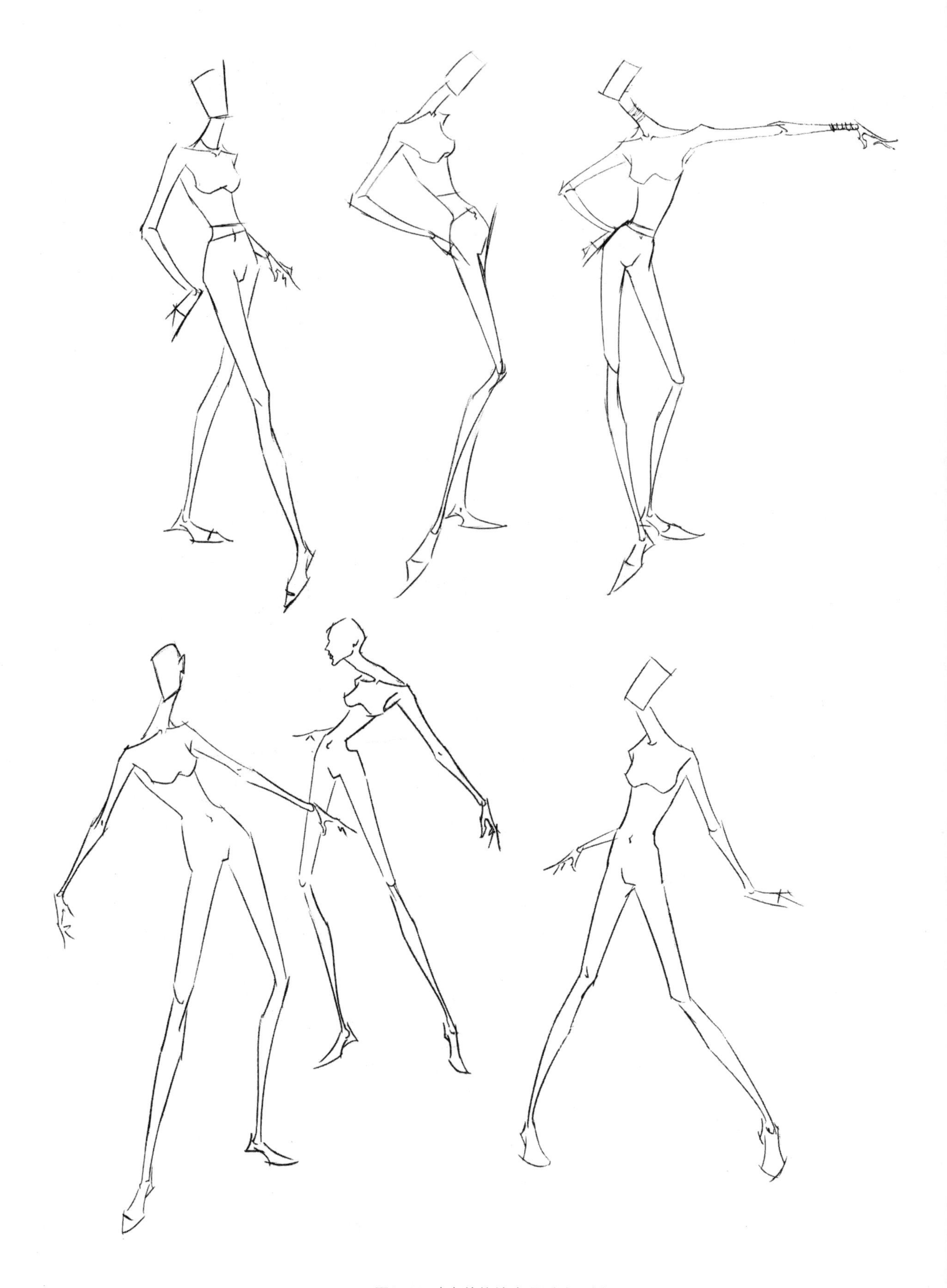

图2-23 动态的体块表现形式图例三

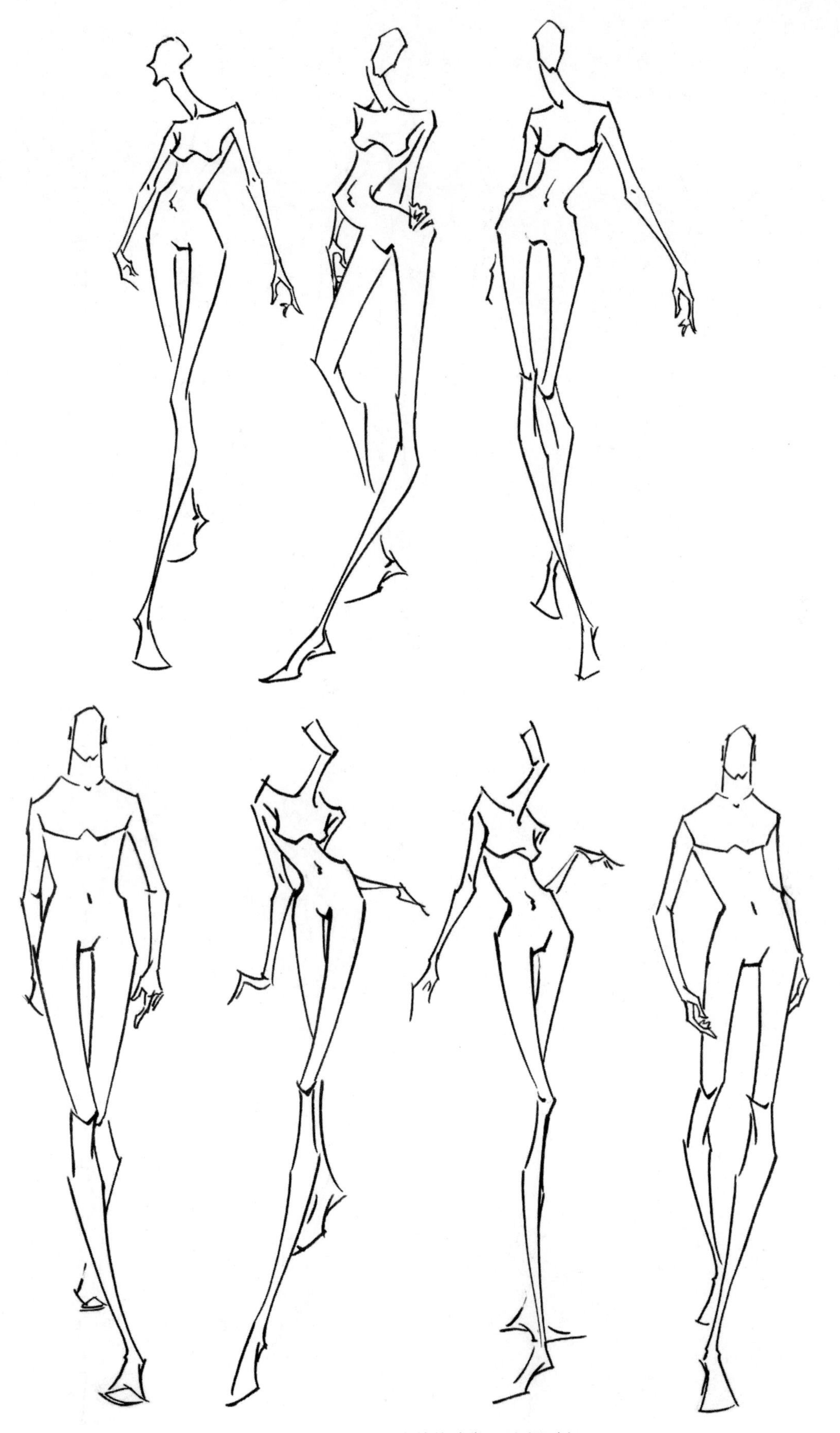

图2-24 动态的体块表现形式图例四

（2）肌肉形式：是体块式人体动态的完善和提升，通过对体块式人体动态进行必要的肌肉添加，使作品更加丰满，进一步满足了人们的审美需求。从上往下，主要有斜方肌、胸大肌、胯骨线以及大腿、小腿肌肉的添加；手部的重点是三角肌和肘关节以及腕关节的刻画；胸部以及腰、臀是女性人体肌肉表现的重点，也是女性人体美的源泉；男性的颈部较粗、斜方肌以及手部肌肉较为突出（见图2-25~2-30）。

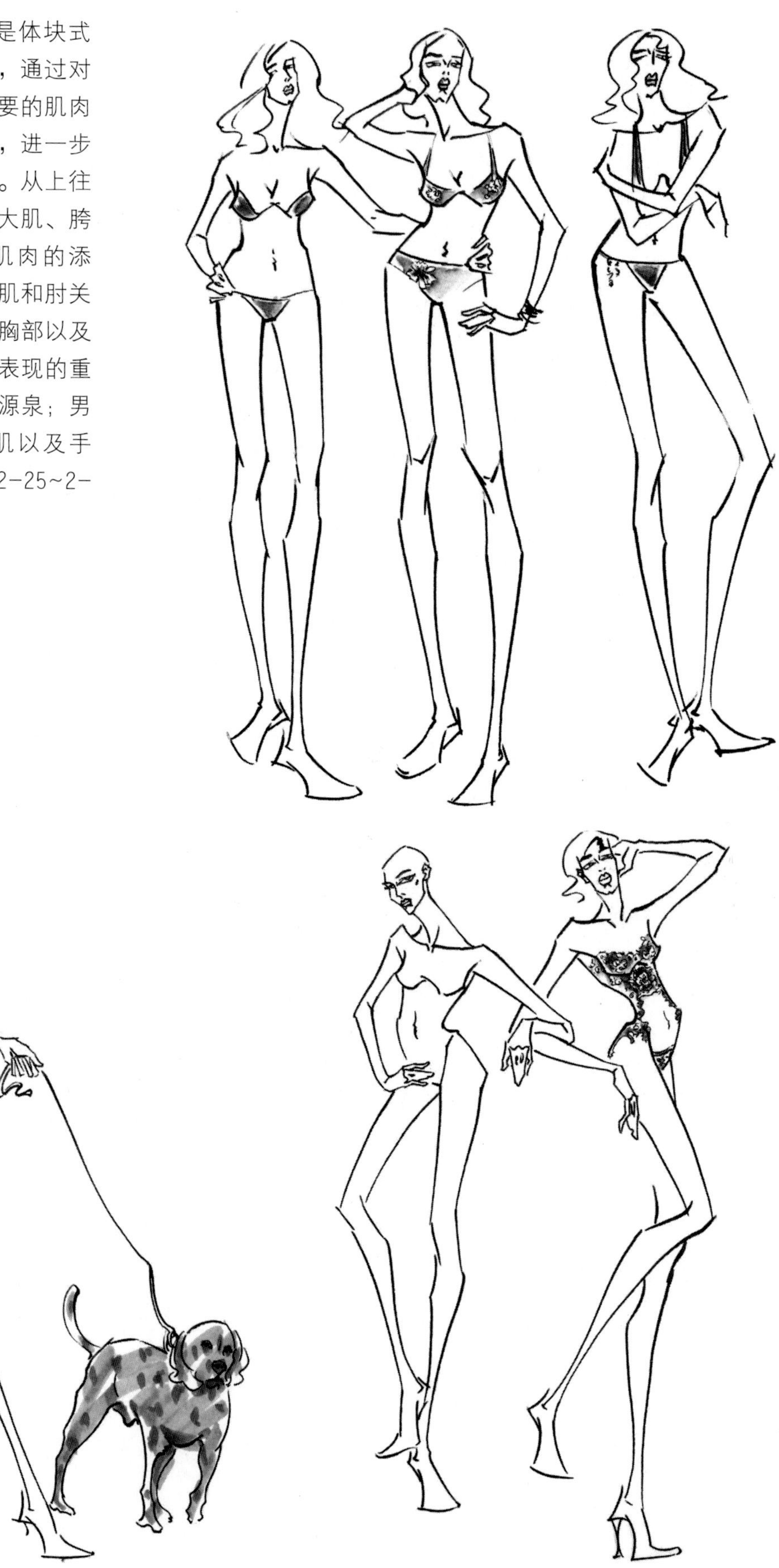

图2-25 动态的肌肉表现形式图例一

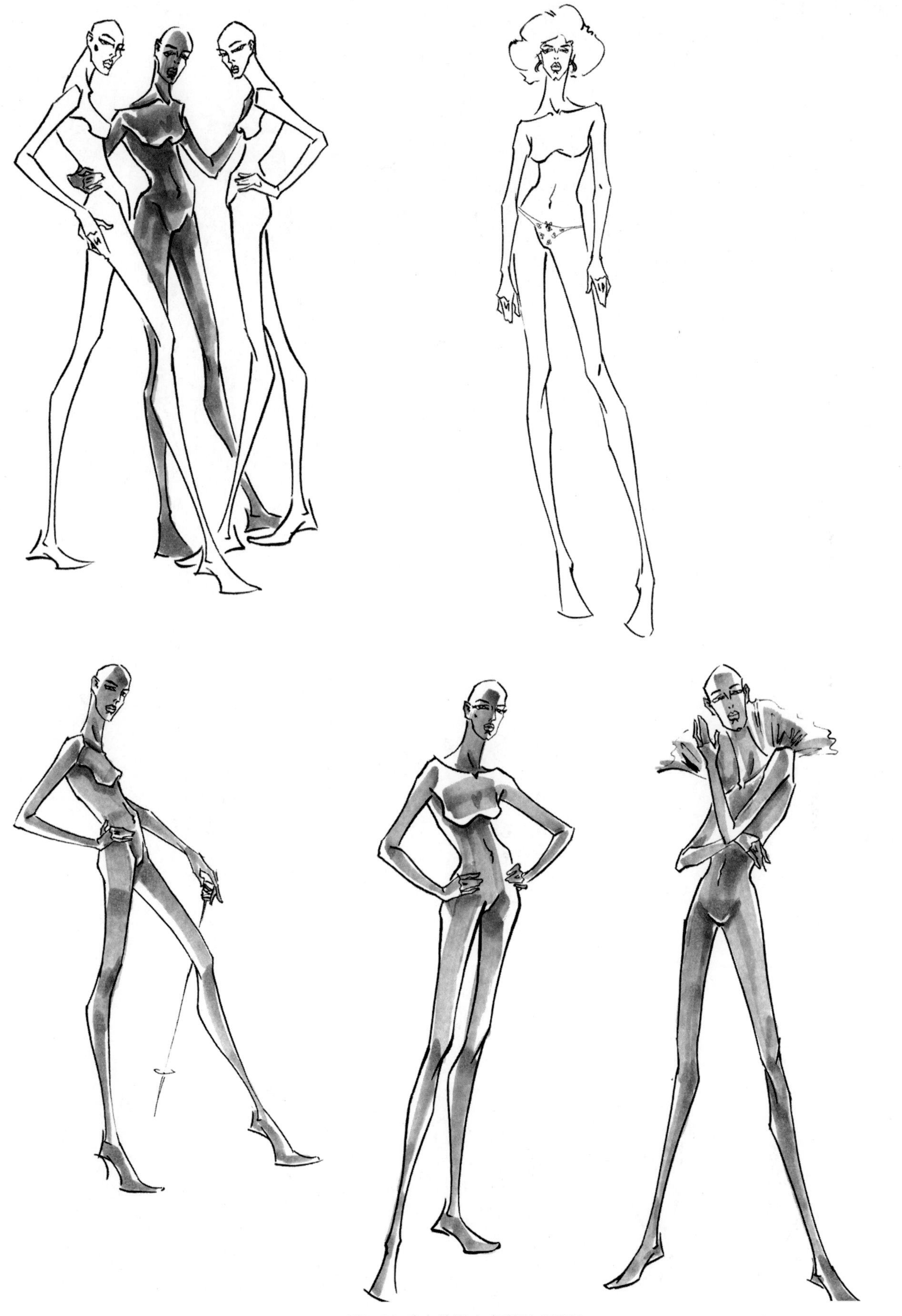

图2-26 动态的肌肉表现形式图例二

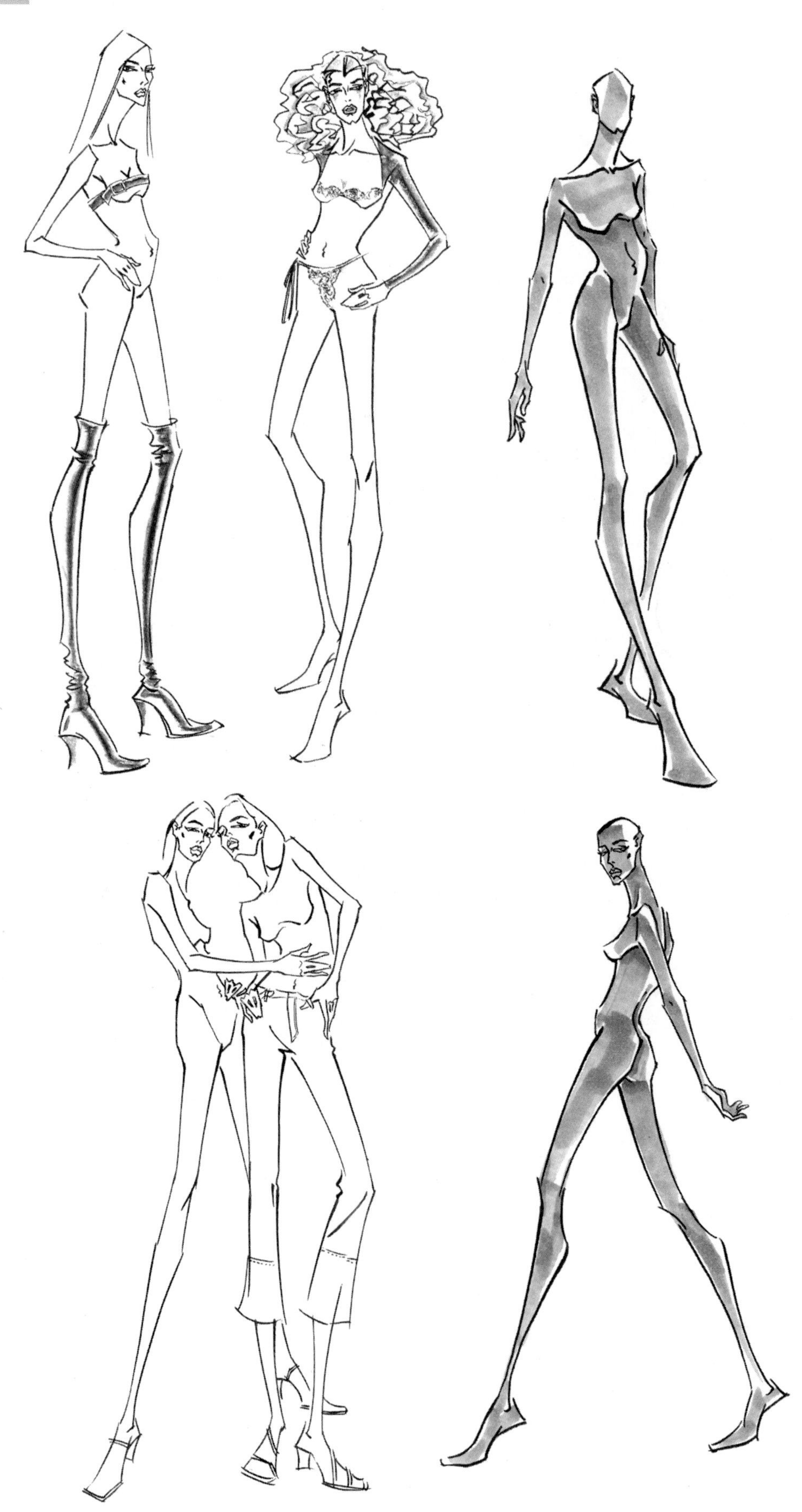

图2-27 动态的肌肉表现形式图例三

图2-28 动态的肌肉表现形式图例四

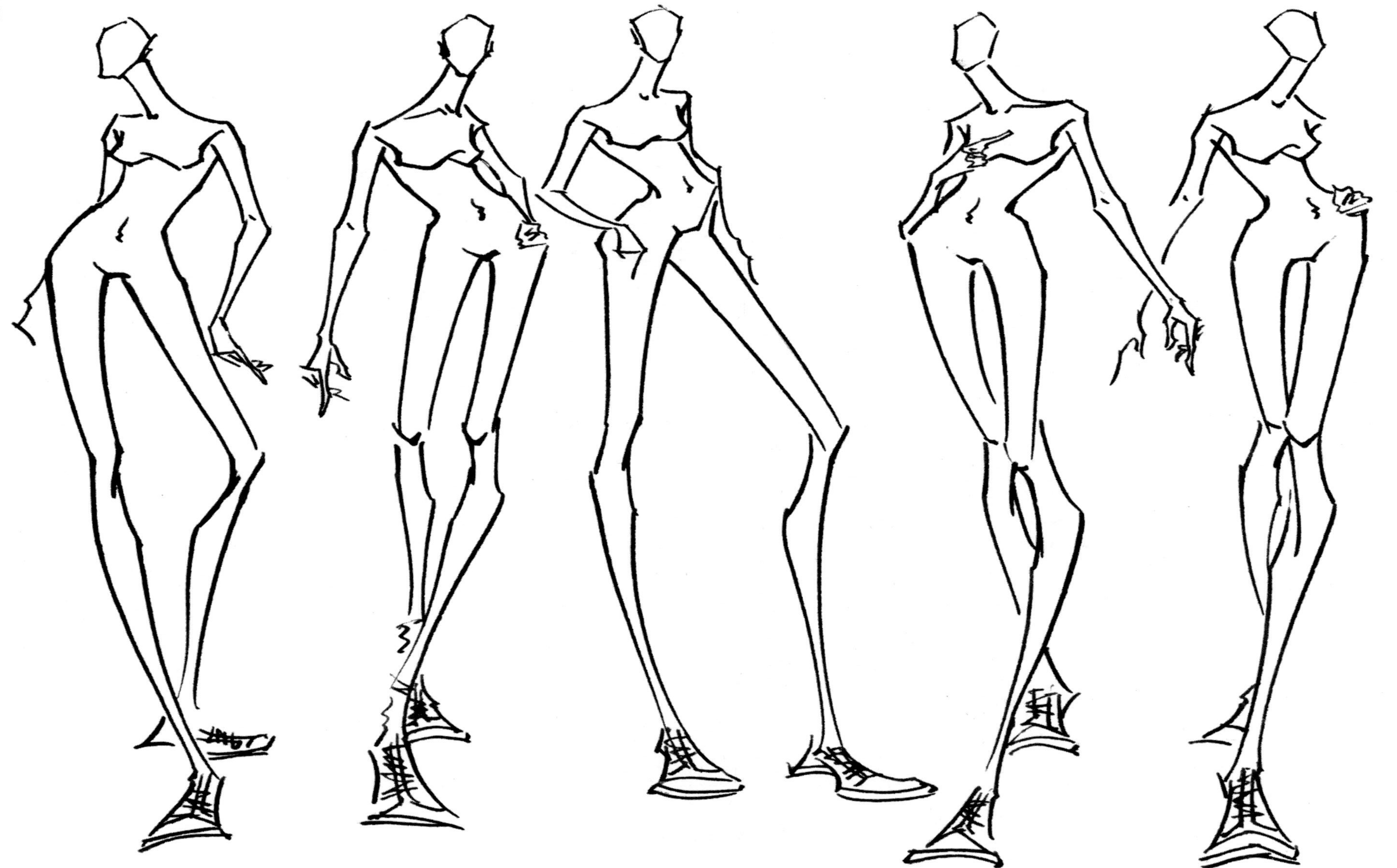

图2-29 动态的肌肉表现形式图例五

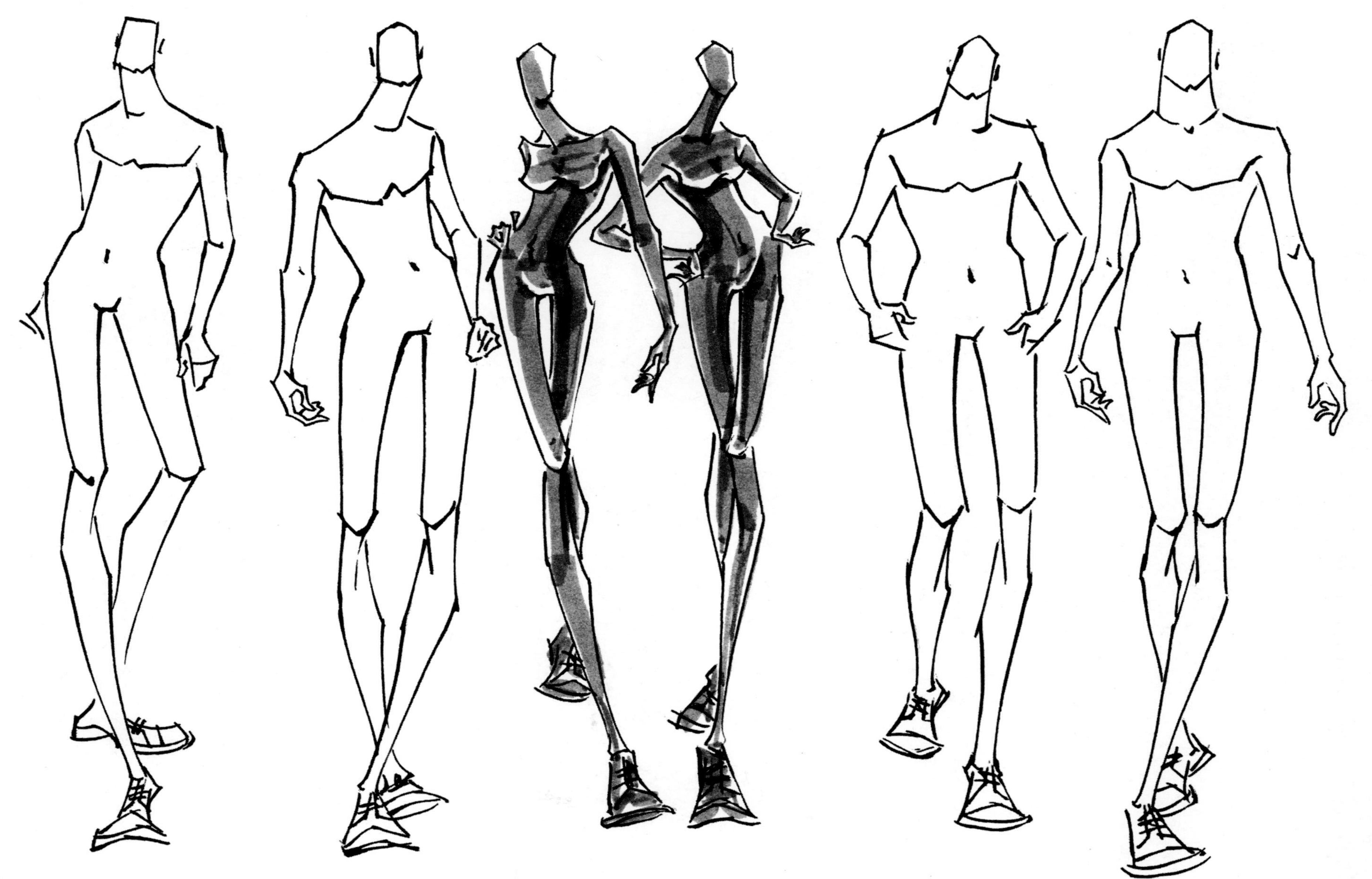

图2-30 动态的肌肉表现形式图例六

第四节 不同年龄段的人体比例及动态

1.人体比例

（1）青少年：13~17岁。这是一个躁动的年龄阶段，他们的身体和成年人已无太大区别，通常选用8个头长的人体比例关系，人体比例标准格的使用和成年人相同（另外的0.5头长在小腿部分去掉）。

（2）少年：8~12岁。处于小学阶段，身体中儿时丰厚的脂肪已逐渐消退，骨骼已经比较突出。通常选用6.5到7个头长的人体比例关系，人体比例标准格的使用和成年人已有区别。

（3）大童：4~6岁。大脑袋、大肚皮以及胖乎乎的手脚是他们最明显的特征。通常选用5个头长的人体比例关系。在人体比例标准格中，头和躯干占3格；大腿、小腿和脚共占2格。

（4）小童：大约2~3岁。他们的体态、神情非常有趣，丰厚的皮下脂肪使我们无法准确判断他们

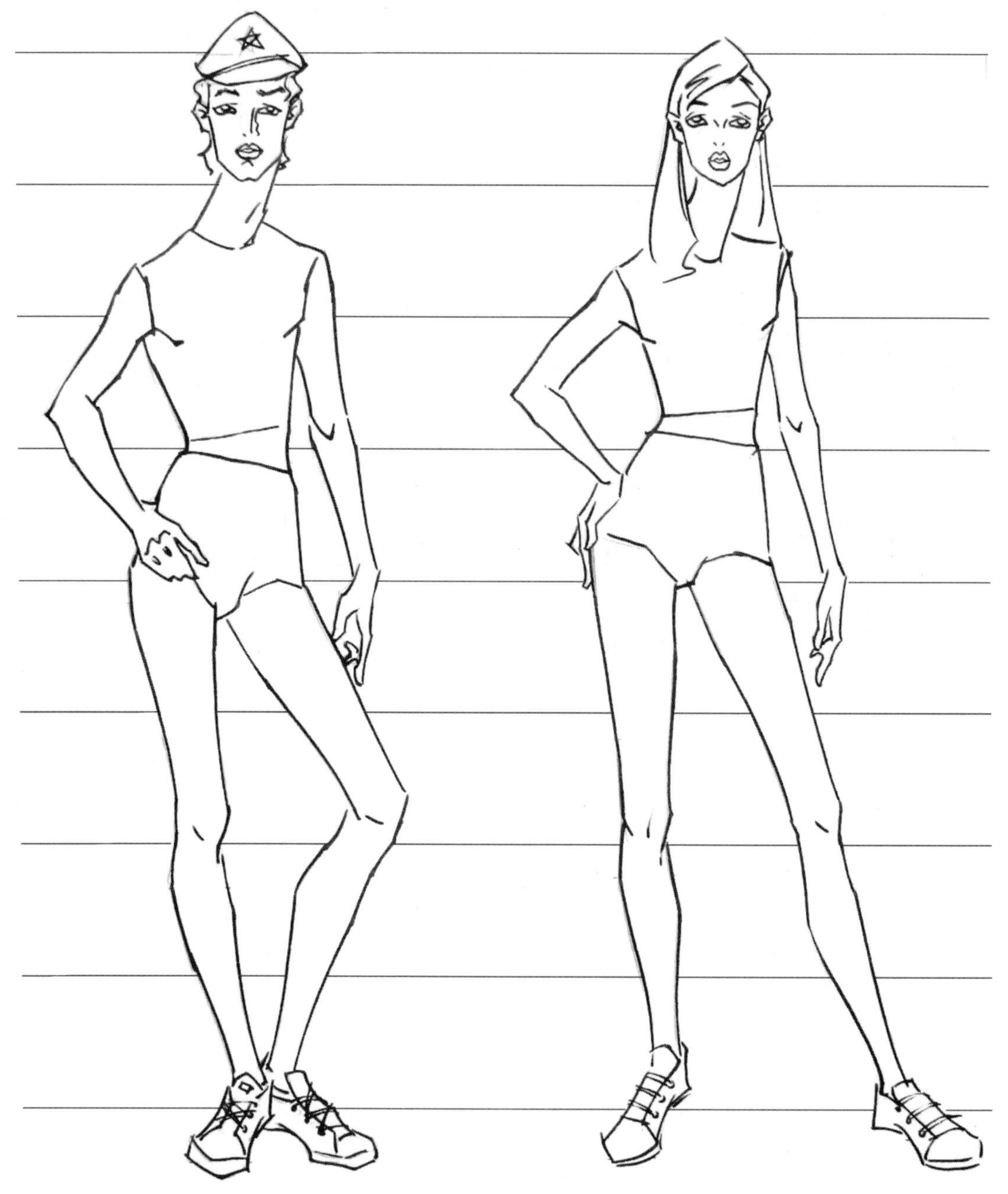

图2-31 青少年人体比例图例一

关节的位置，也看不到脖子。面部的表现非常有特点：眉毛稀疏、眼距较远、鼻子小巧、嘴唇向上翘起、脸颊丰满。4个头长是他们标准的人体比例关系。

2.动态

（1）青少年：和成年人的动态已无太大区别，主要通过服饰装扮显示其年龄特征。

（2）少年：通过手、脚的姿态变化，传递出少年儿童特有的身体语言。

（3）大童：应该说大童的身体语言最为丰富，无论是躯干、四肢还是面部表情，都具有较强的表现力。

（4）小童：主要通过面部以及四肢的语言来体现他们的特征。（见图2-31~2-34）

图2-32 青少年人体比例图例二

图2-33 青少年人体比例图例三

图2-34 青少年人体比例图例四

第三章 服装画人体的局部表现

在掌握了人体基本结构、比例以及动态后，我们将从局部知识的学习入手，对每一个部位作进一步具体、深入的分析。在服装画的绘制过程中，我们会发现面部、手以及脚这三个部位最具代表性，表现的难度也最大。另外，它们都是服装画中人体的外露部位，能充分表现人物形象，对服装画艺术风格的形成起着重要的作用。

第一节 头型及面部

1.头部及面部的结构分析

（1）正面：正面头型的外轮廓可以归纳为砖形或是一个倒立的鸡蛋形。“三庭五眼”是中国画人物造型中对面部各器官位置的很好总结：从发际线到眉线、从眉线到鼻底、从鼻底到下颌间的三段距离视为相等；另一种常用的测量结果是从头顶到眼睛、从眼睛到下颌的距离相等；耳朵的位置是眉线到鼻底的距离。面部虽不是服装画的核心，但富有魅力的面部表情，无疑对画面整体氛围的烘托起到重要作用。因此，不要盲目地将面部简化或变形，因为这样会使你失去许多练习的机会。

（2）七分面与三分面：它们是较难表现的一个角度。首先要从实际的观察、写生入手，逐步上升到理论的高度。必须把握好眉弓、眼睛、鼻子以及嘴巴等部位透视线的位置关系，以及各部位在透视线下的具体表现。

（3）侧面：正侧面从眉弓到眉尾、从眉尾到耳朵、从耳朵到枕骨三段的距离相等。另外，眉弓、鼻梁、上下嘴唇、下颌以及脖子间的位置关系也是表现的重点。（见图3-1）

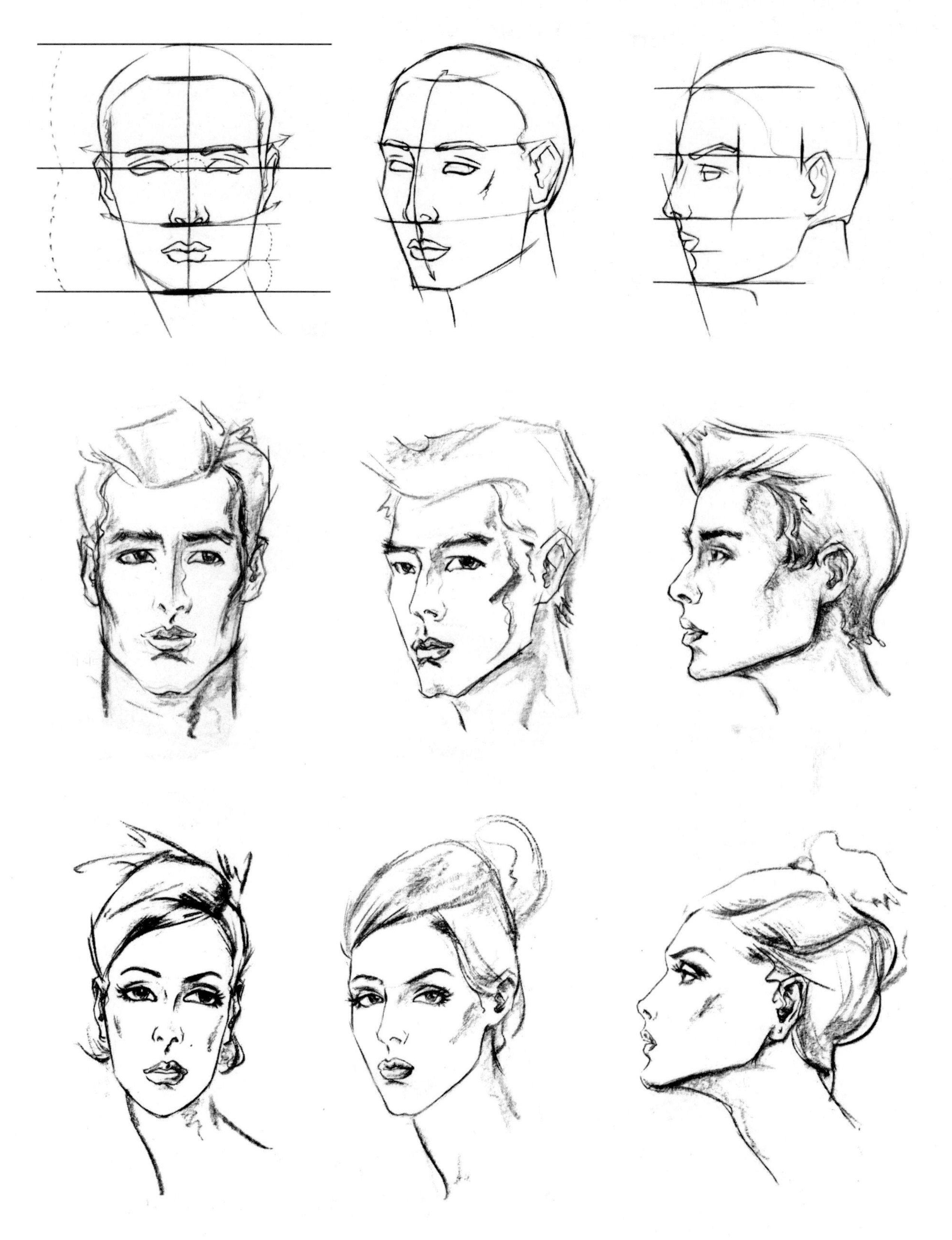

图3-1 不同角度的头部表现

2.五官的分析与表现

（1）眼：眼睛最能表达人物的内心情感，正面的眼眶外形显橄榄状，外眼角略高于内眼角，瞳孔显圆形，上部被上眼脸遮盖，在画好眼轮廓和瞳孔后添加双眼皮及睫毛（见图3-2）。

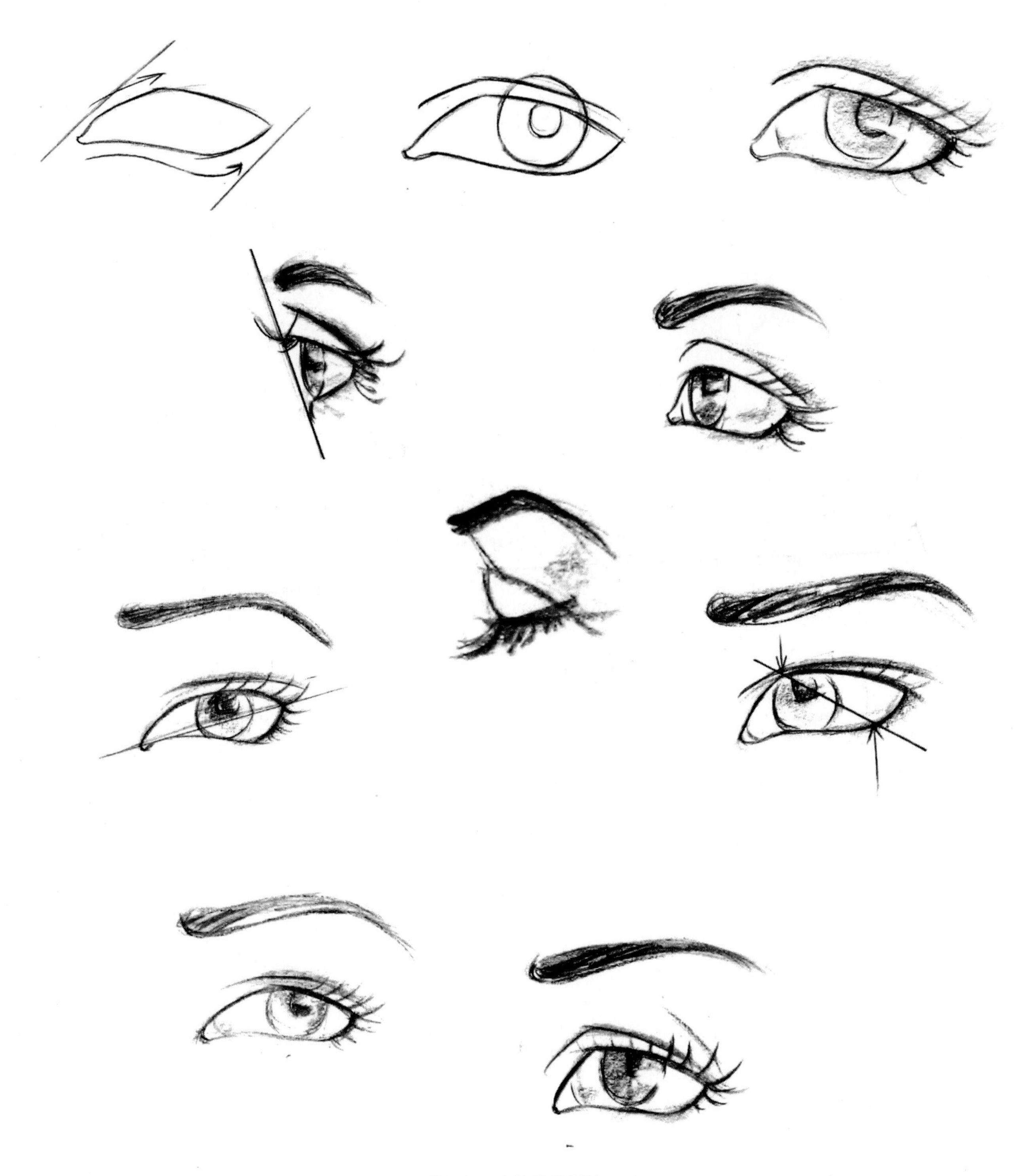

图3-2 五官的表现图例一

（2）嘴：下嘴唇比上嘴唇厚，由于是受光面故比上嘴唇明亮；从侧面观察，上嘴唇比下嘴唇突出，女性的嘴唇比男性厚且短。（见图3-3）

图3-3 五官的表现图例二

（3）鼻：侧面时鼻梁、鼻头的造型非常关键；七分面与三分面要注意五官的协调以及与头部的角度匹配（见图3-4）。

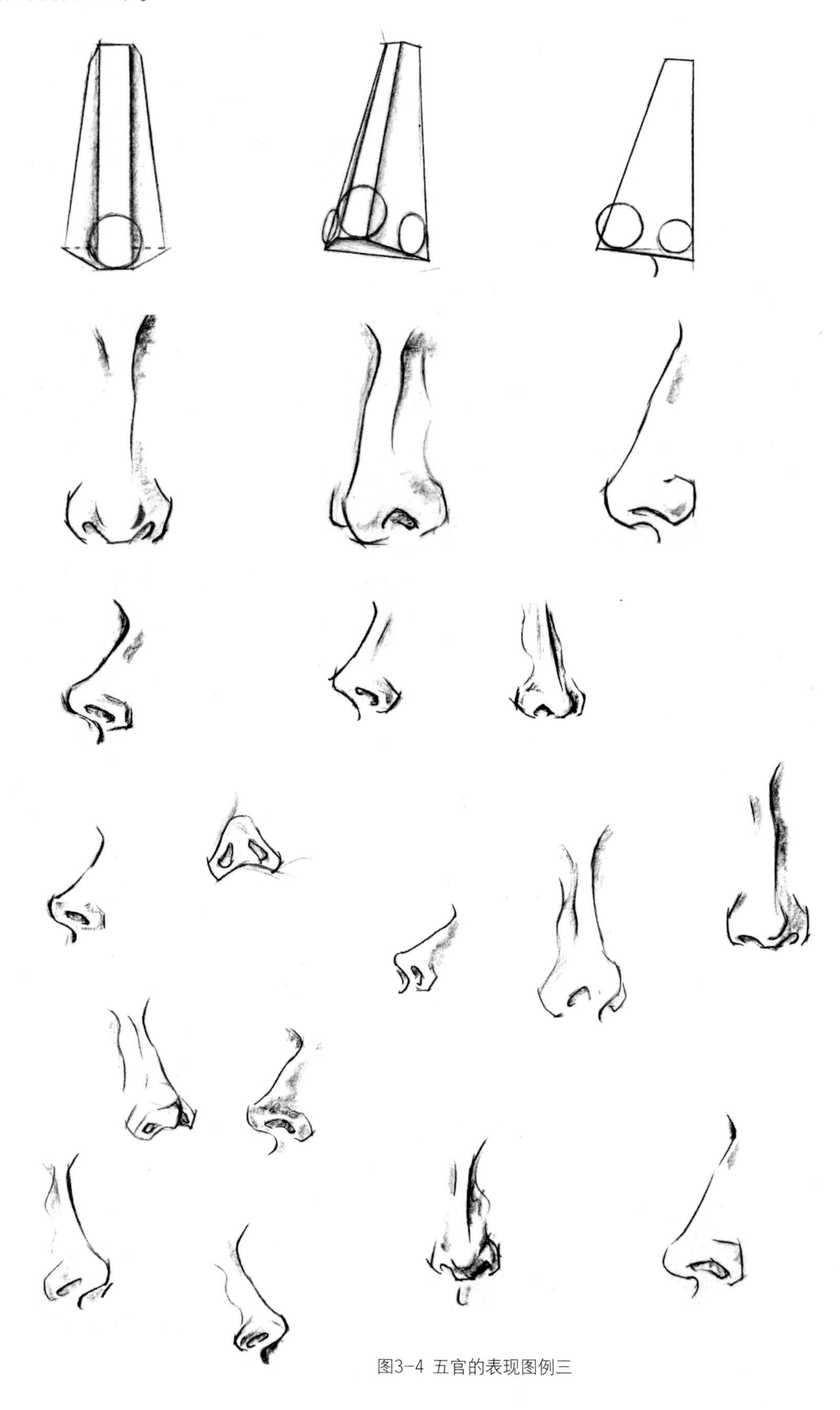

图3-4 五官的表现图例三

（4）耳：主要把握好耳朵在不同角度中的位置及造型变化。（见图3-5）

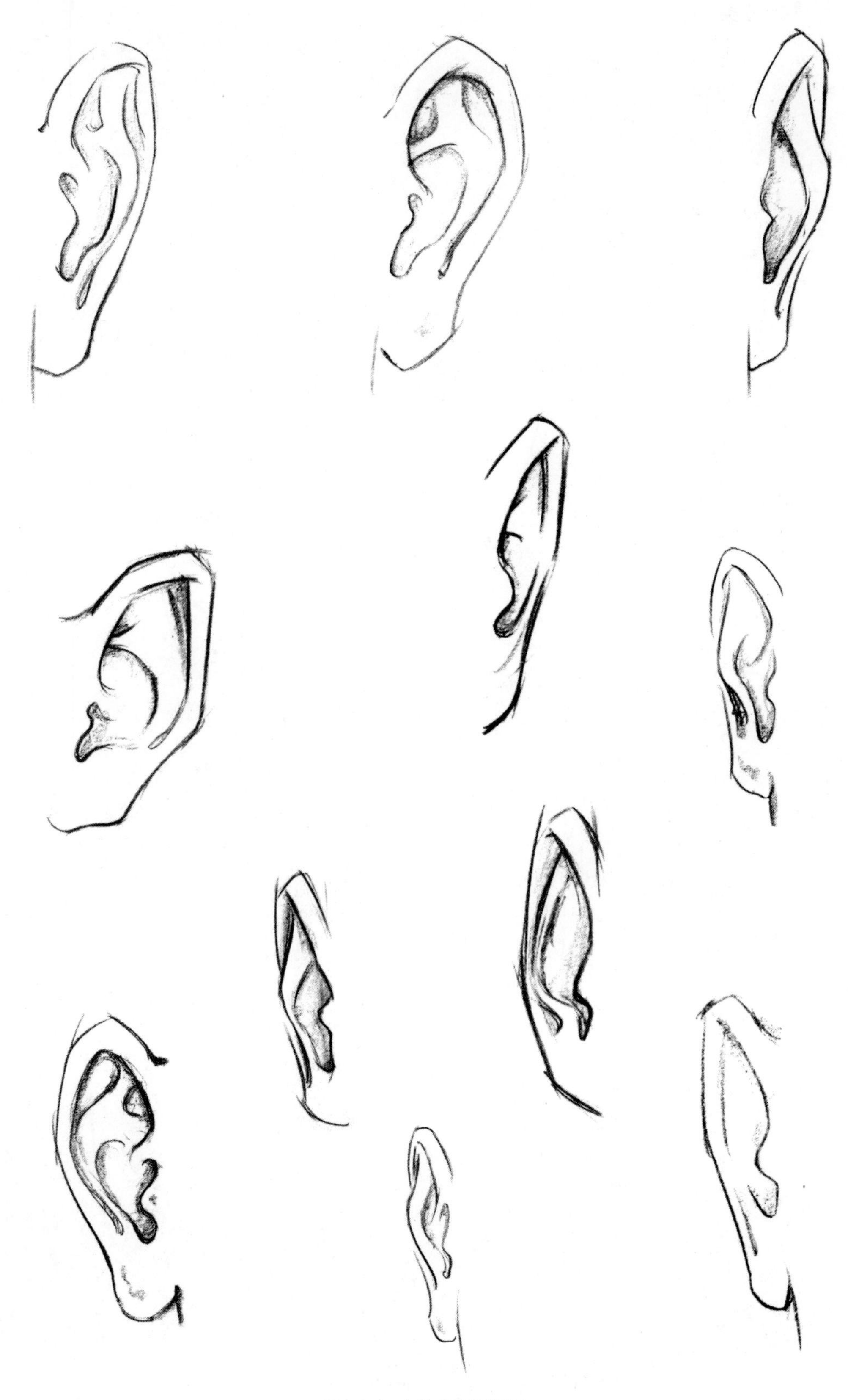

图3-5 五官的表现图例四

3.头发及头部装饰物的表现

（1）头发的表现：头发的表现必须把握好先短后长，先直后卷的原则。首先按照短发、长发以及卷发的造型进行分类，在头型的基础上添加头发；其次是对头发采用分缕的方法对头发进行归类，然后再逐缕描绘；最后是对主要的发式线进行刻画。（见图3-6~3-8）

图3-6 头发的表现步骤图例一

图3-7 头发的表现步骤图例二

图3-8 头发的表现步骤图例三

（2）头部装饰物的表现：头部的装饰物品种繁多，包括帽子、发卡、花冠、簪子、插花等。头部装饰物多依附于头骨或头发之上，特别是帽子，无论是帽顶、帽身、帽檐还是帽口都和人的头部造型密不可分。（见图3-9）

图3-10~3-17为女性、男性头部、颈部表现实例。

图3-9 头部装饰物的表现步骤

图3-10 女性形象图例一

图3-11 女性形象图例二

图3-12 女性形象图例三

图3-13 女性形象图例四

图3-14 男性形象图例

图3-15 头发的样式图例

图3–16 头部装饰物的表现图例

图3-17 头颈关系

第二节 手及手臂

1.手的结构分析

（1）手的组成：手由手腕、手掌和手指三部分组成。手指打开后成扇形状，除拇指为两节外，其余均为三节。

（2）手的比例：在人体结构中手掌比手指略长，其中中指最长、其次是无名指、食指,最后是小指。

2.手臂的结构分析

（1）手臂的组成：手臂包括上臂、前臂以及前臂和手相连的手腕。

（2）手臂的比例：人体结构中上臂长于前臂。

3.手及手臂的表现

（1）外轮廓：用概括的直线表现出手的外形，

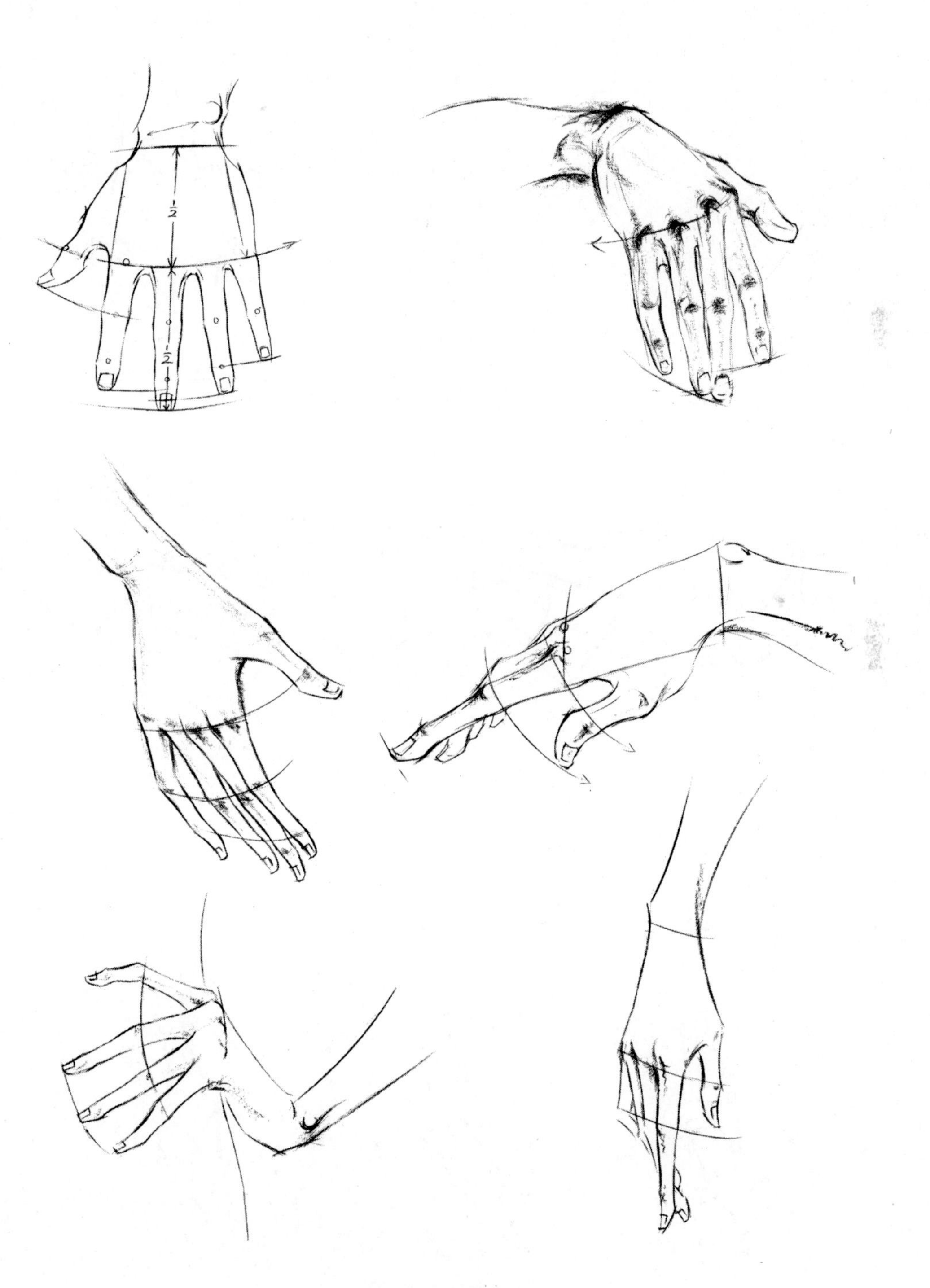

图3-18 手的结构分析

不要考虑手指的局部动态。

（2）区分手掌与手指：在外轮廓的基础上，用简单的直线准确区分手掌与手指两大块面。

（3）动态刻画：画出手掌与手指的外轮廓后，再分别对手掌与手指两大块面进行仔细刻画。为更好地修饰手指以体现女性美，服装画中的手指都会适当加长，由于手指关节众多、结构复杂，因此必须提炼，并从中找出最美的肢体语言。大拇指和小拇指是表现的重点，小拇指优美的造型能使画面更加生动，而食指、中指以及无名指可作为整体进行概括处理。

（4）手臂：三角肌、手腕以及肘关节的正、背面造型是手臂的表现重点。（见图3-18~3-25）

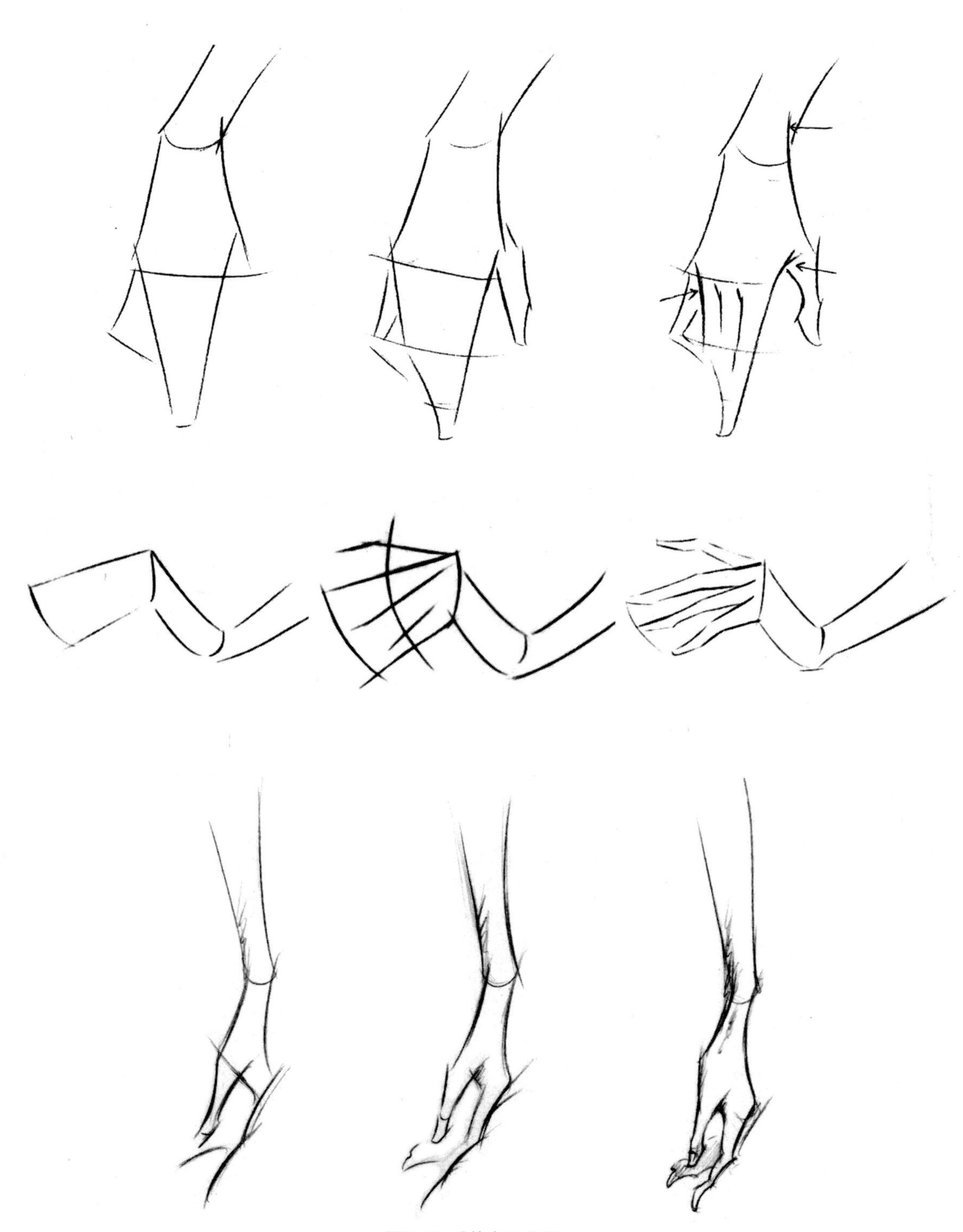

图3-19 手的表现步骤

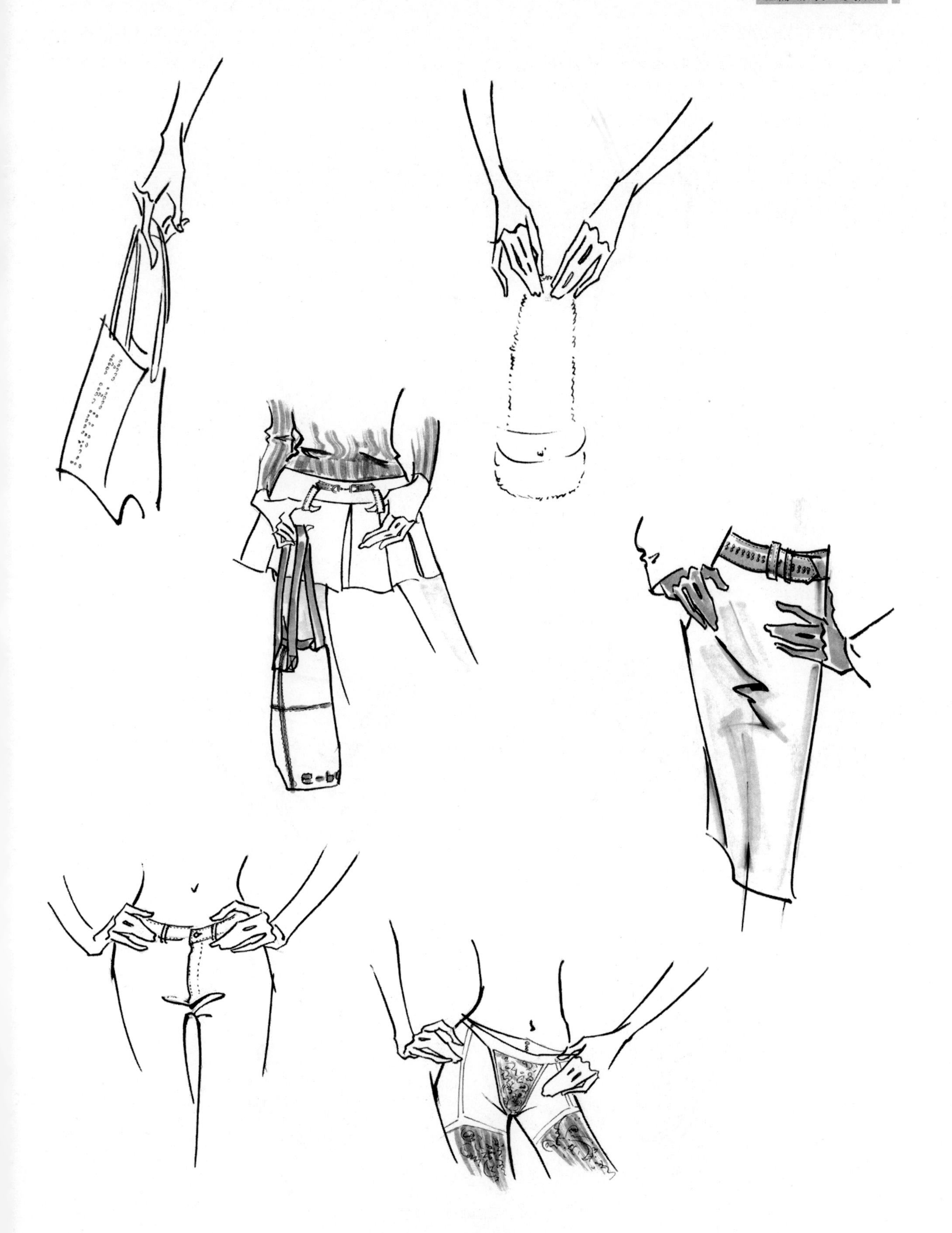

图3-20 手的表现图例一

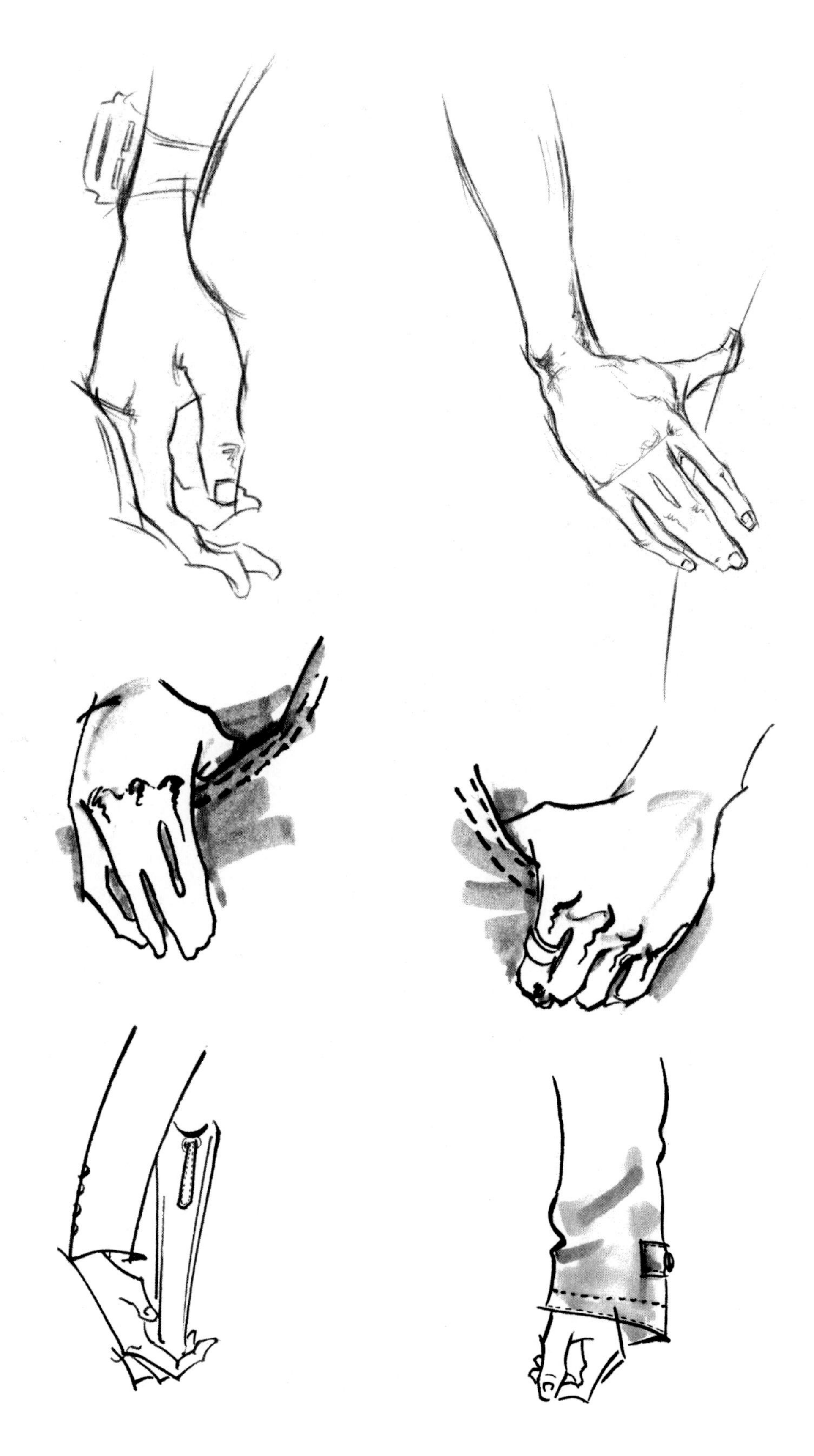

图3-21 手的表现图例二

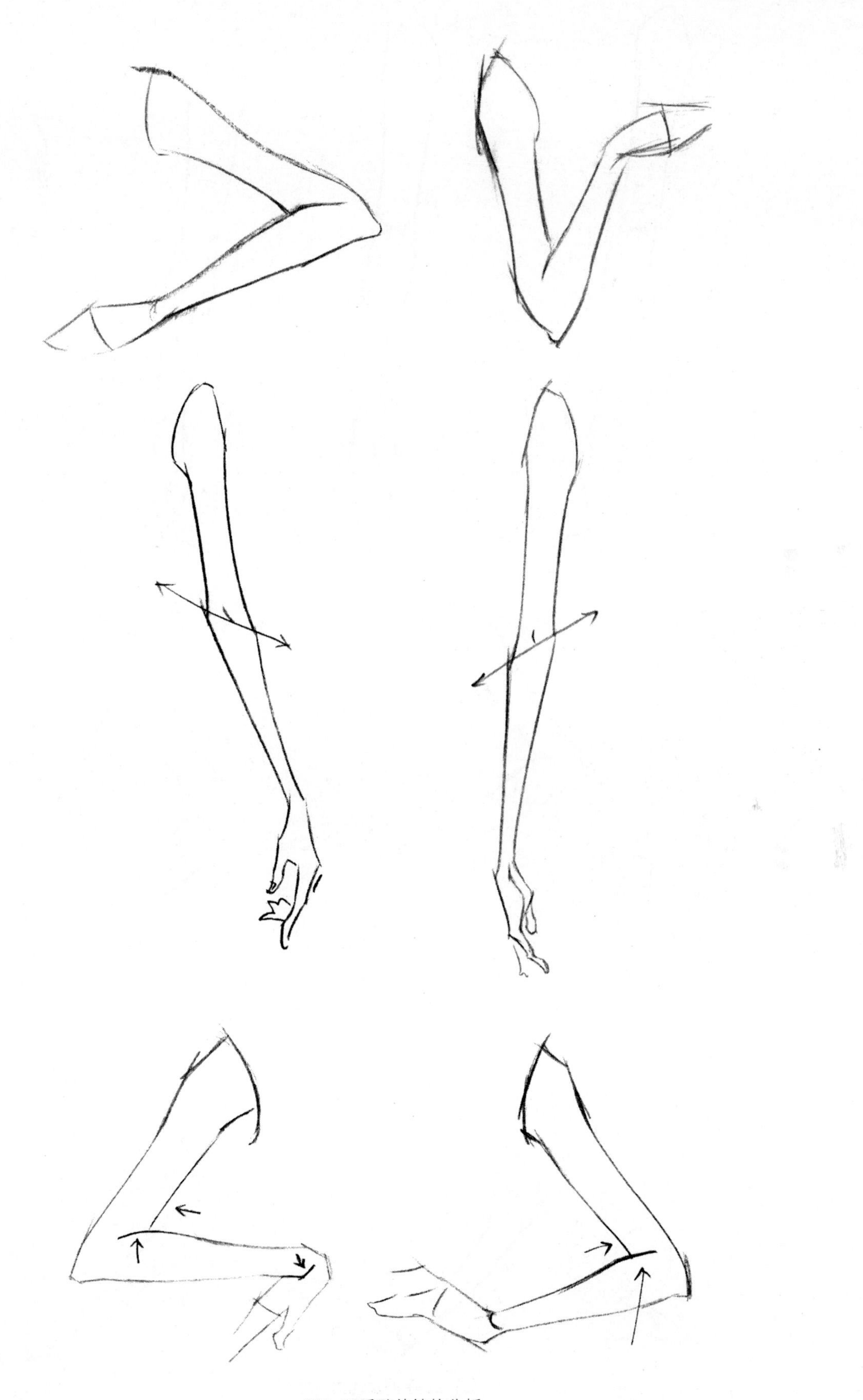

图3-22手臂的结构分析

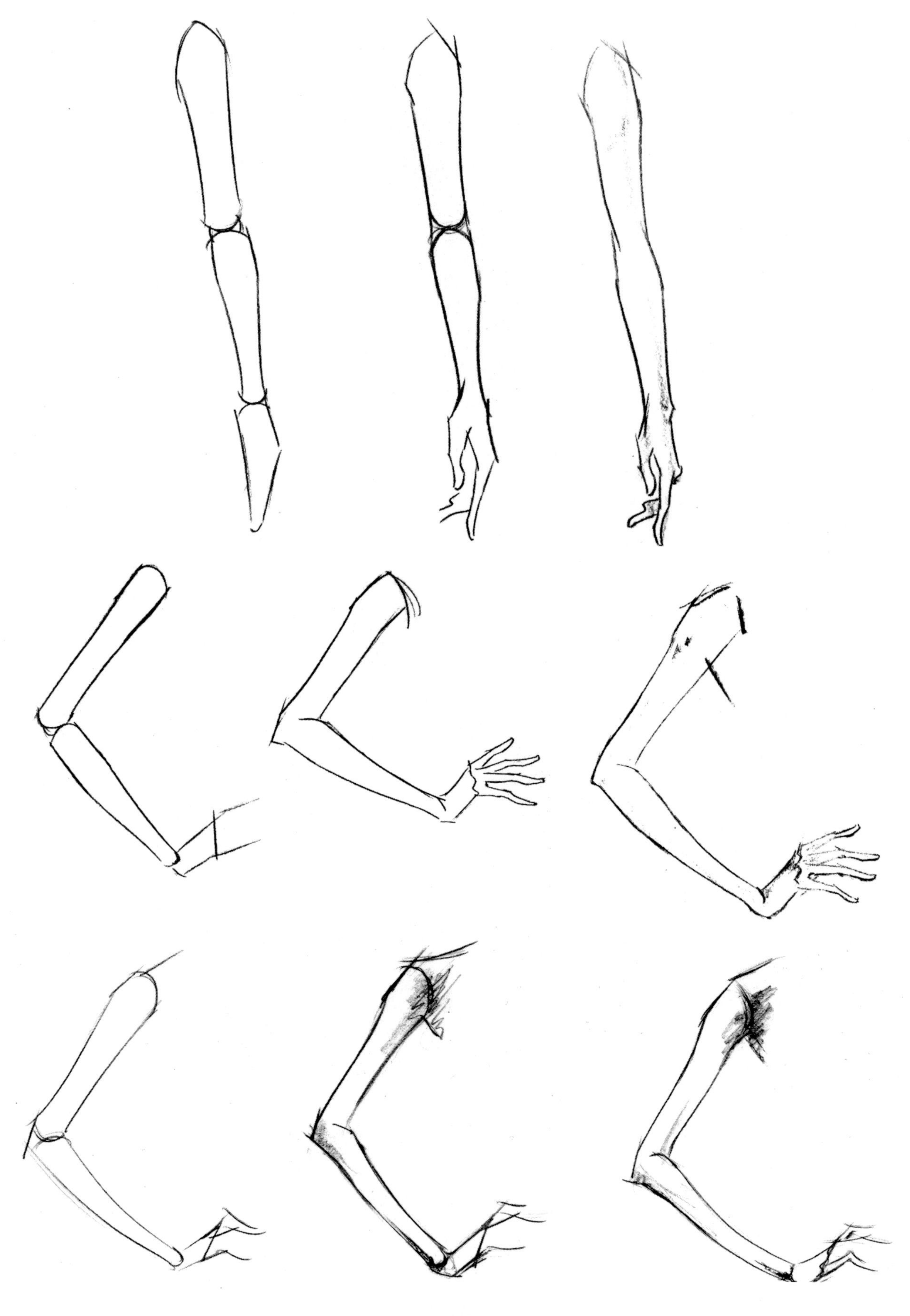

图3-23 手臂的表现步骤

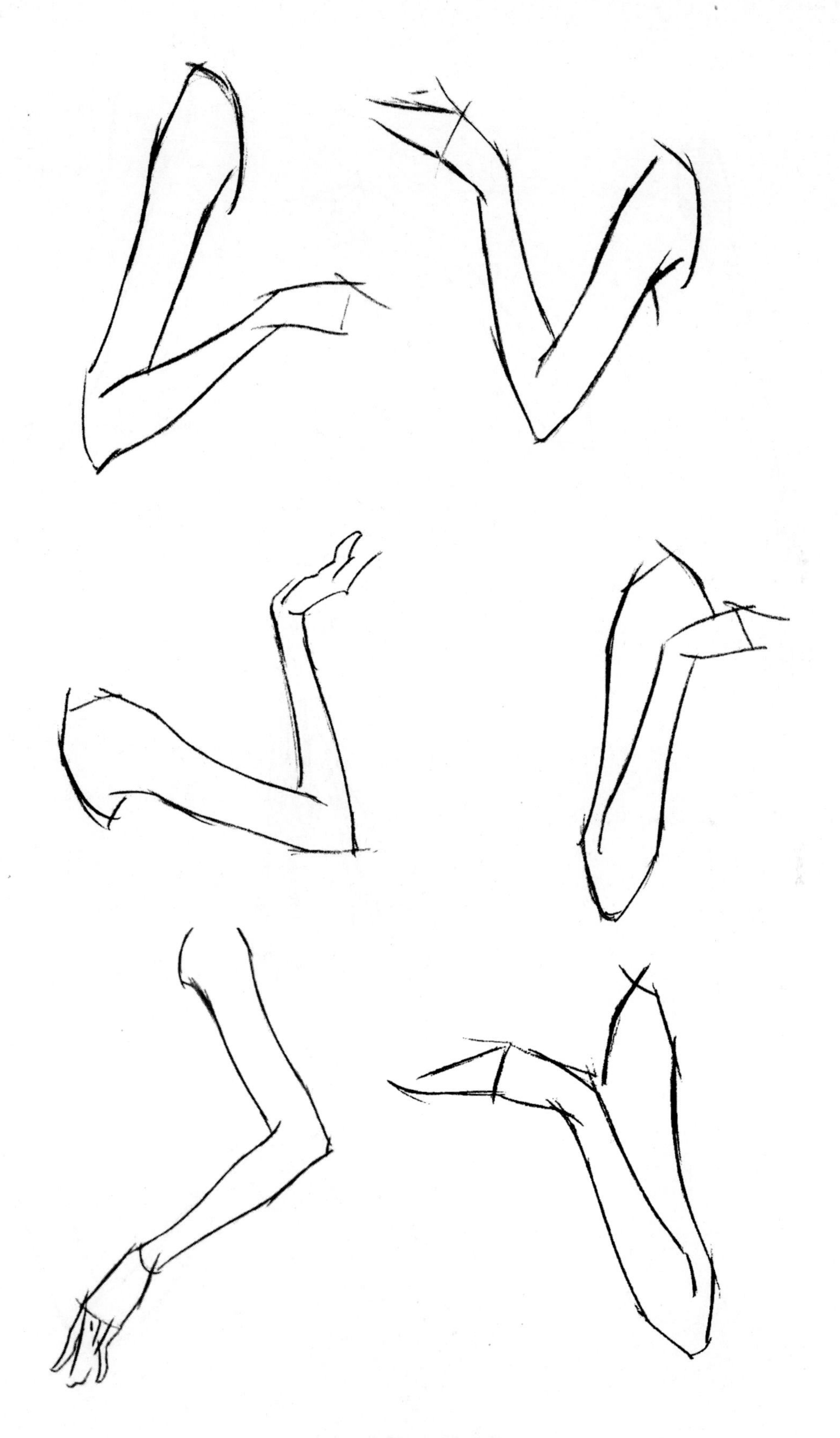

图3-24手臂的表现图例一

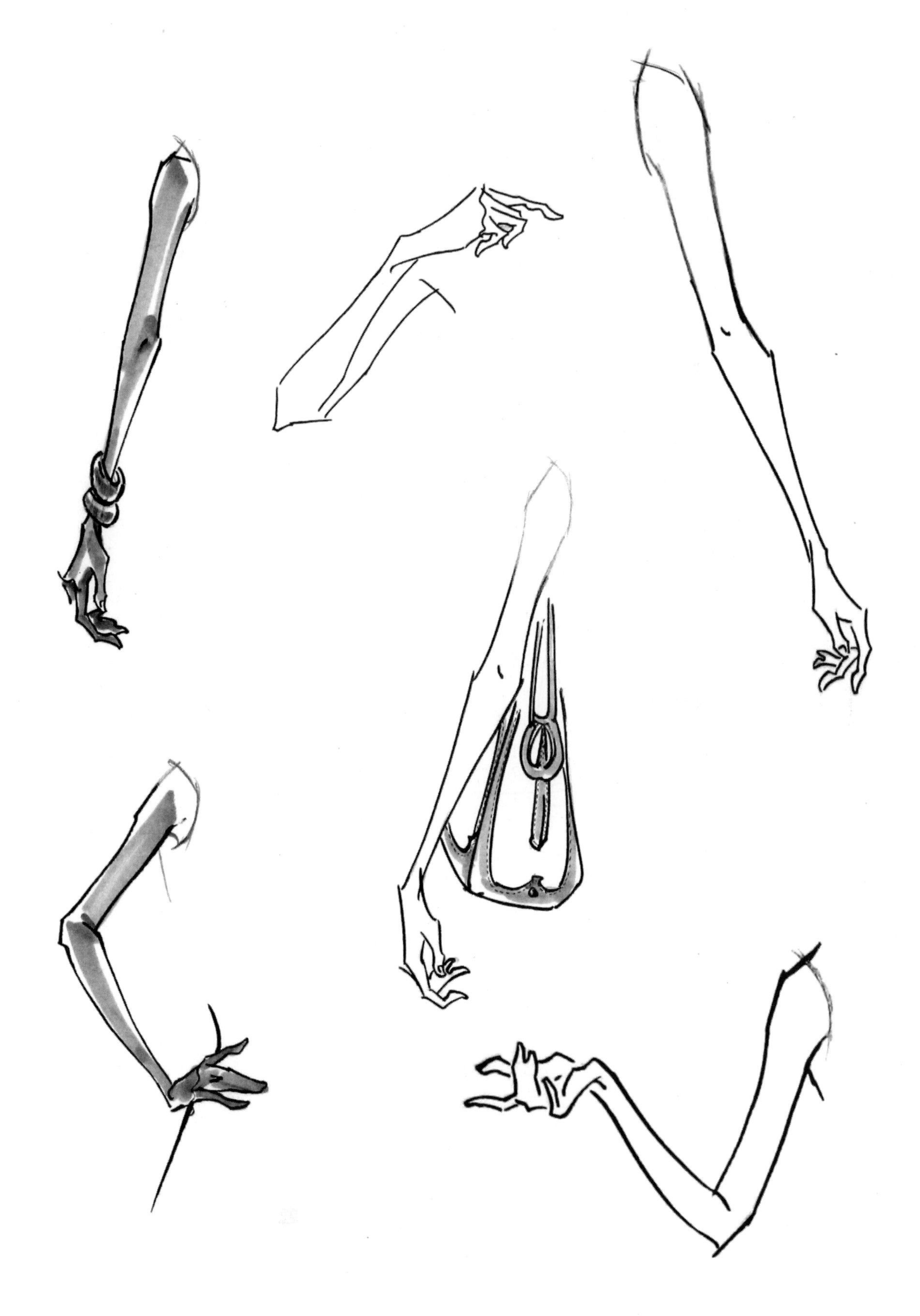

图3-25 手臂的表现图例二

第三节 脚及腿

1.脚的结构分析

（1）脚的组成：脚部的骨骼包括趾骨、跖骨、跗骨。人体脚部的构成形式决定了鞋子的基本造型。

（2）脚与鞋的关系：必须掌握从不同的角度来表现脚与鞋子的造型，以便适应人体脚部的不同姿态变化。特别是脚部的正面姿态，脚与鞋子的造型都非常重要，多写生是解决这一难题的最好办法。在侧面表现时，需要注意脚背、鞋跟以及鞋底的造型。

2.腿的结构分析

（1）腿的组成：大腿及小腿。腿部的骨骼包括大转子、股骨、胫骨、腓骨和髌骨。

（2）腿的比例：在服装画表现中，腿部是夸张的重点，其中小腿的夸张最为突出，比大腿略长。

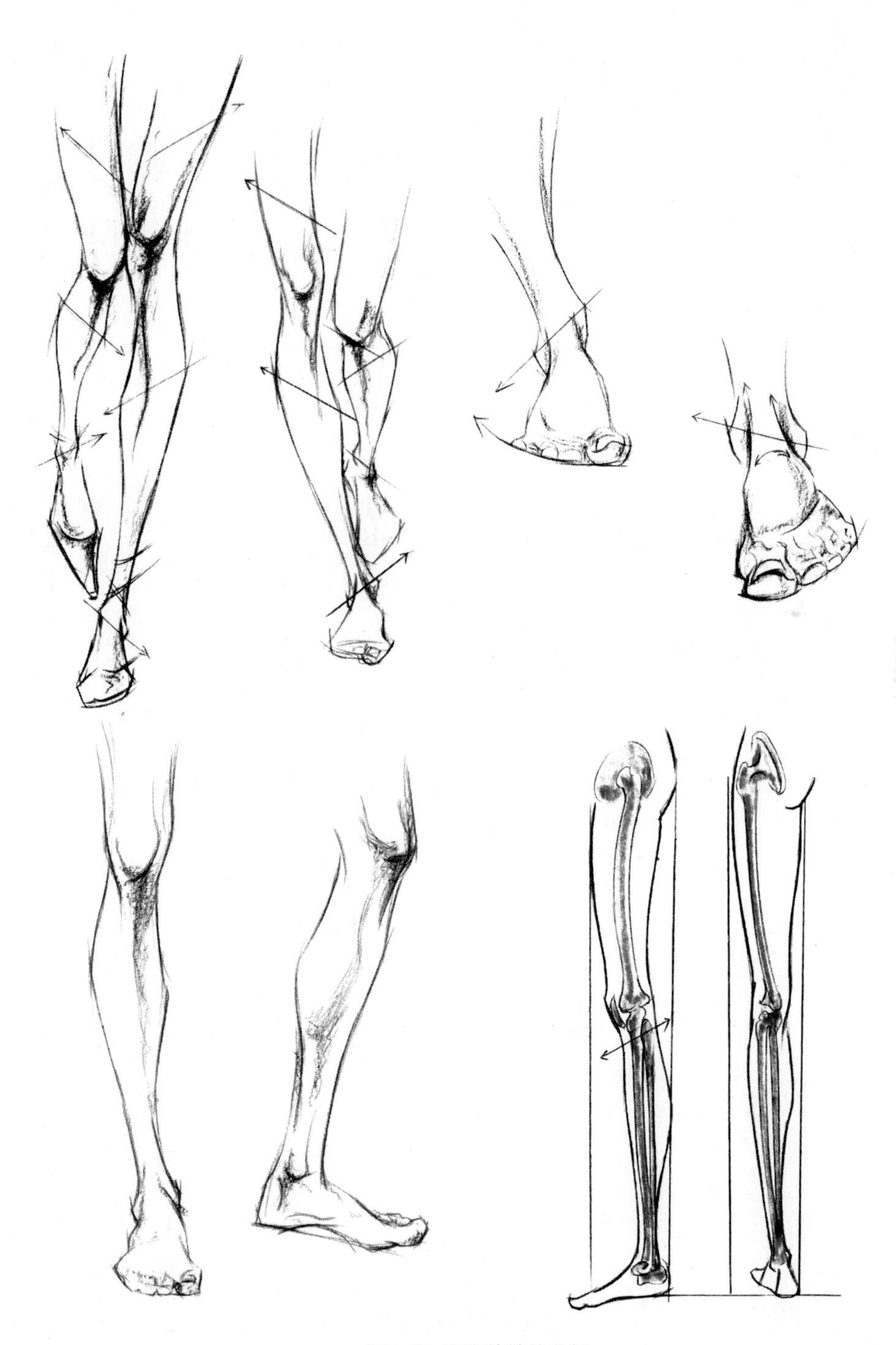

图3-26 腿脚的结构分析

3.腿、脚的表现

（1）外观形状：正面观察，人体脚部的内踝骨点比外踝骨点高；而小腿内侧的肌肉凸点（腓肠肌）比小腿外侧肌肉凸点（腓骨长肌）要低；侧面观察，小腿的垂直位置要略后于大腿。

（2）表现重点：膝关节部位是腿部表现的重点和难点，它连接着大腿与小腿。通过严谨的结构分析以及不同的笔法处理，不仅能够准确地表现出膝关节的部位以及结构特征，同时还能使肌肉的走势、体积以及空间关系等得以体现。（见图3-26~3-31）

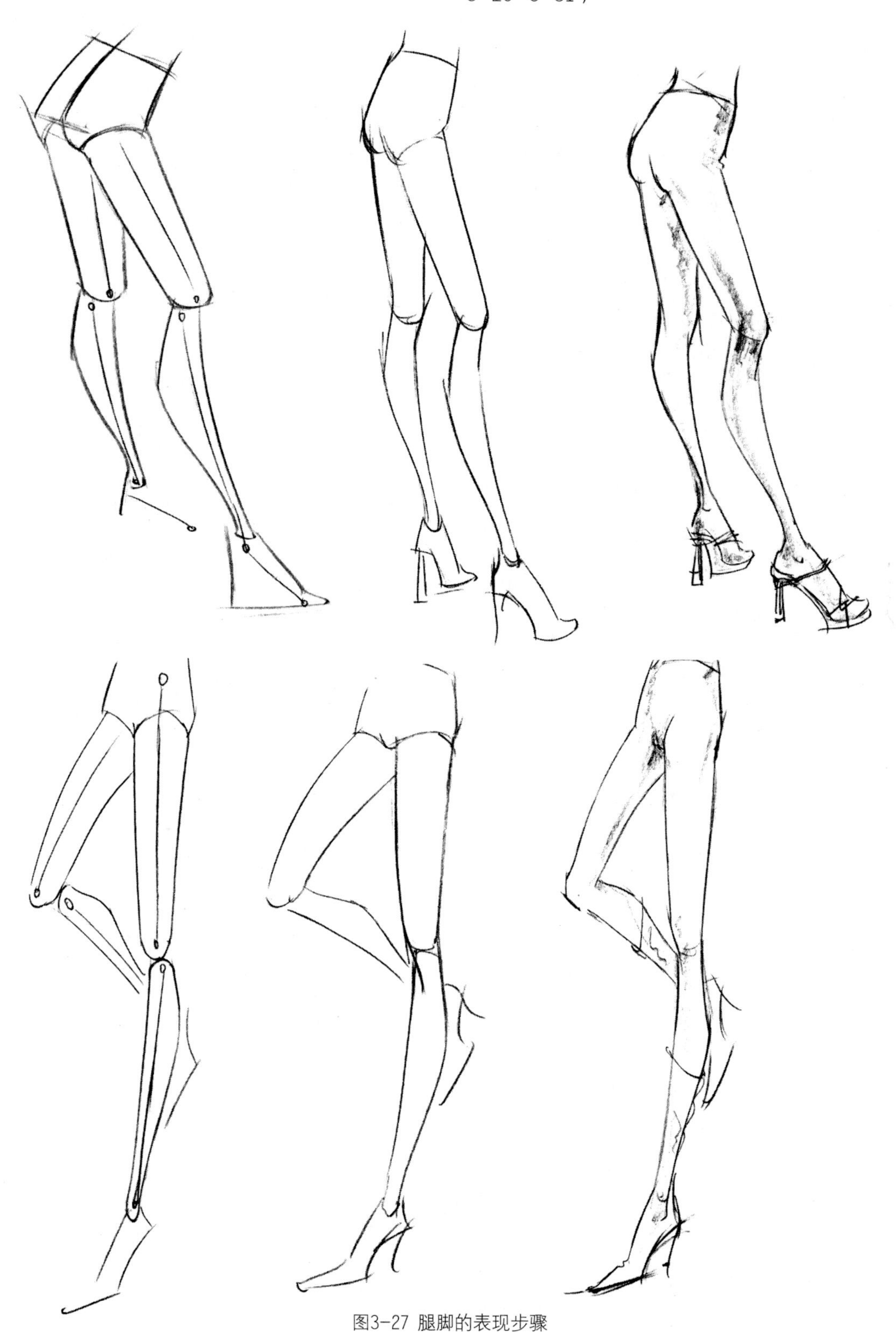

图3-27 腿脚的表现步骤

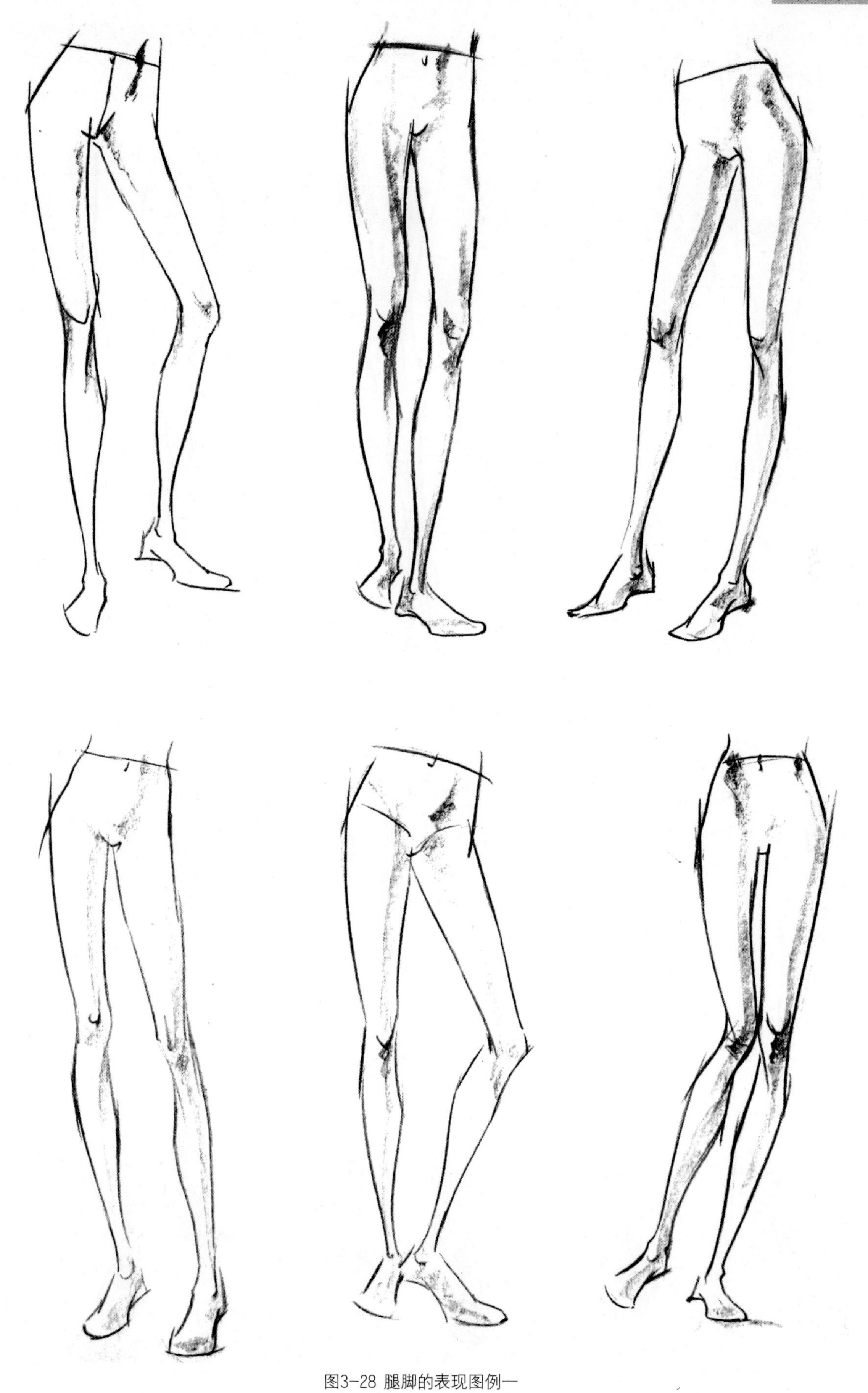

图3-28 腿脚的表现图例一

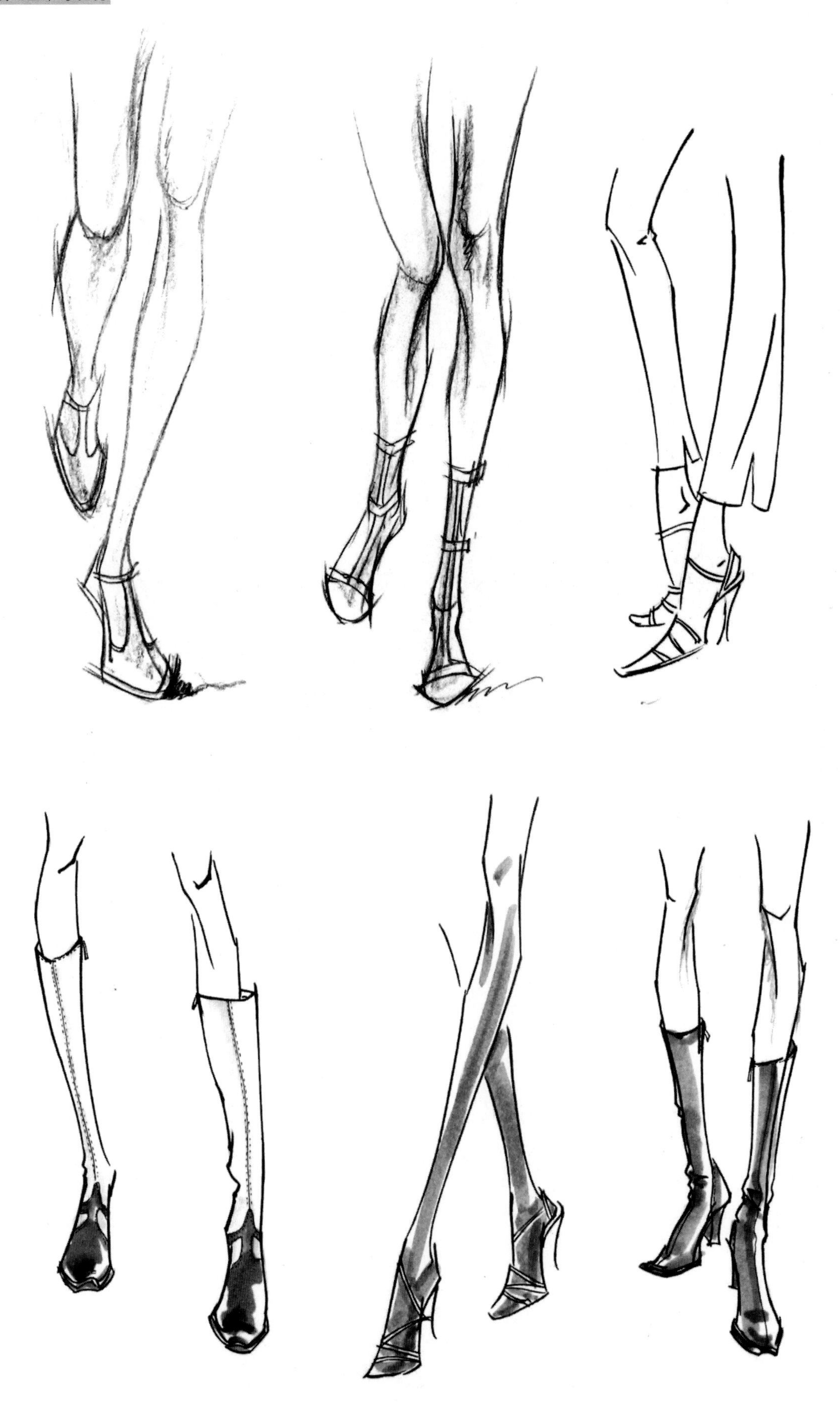

图3-29 腿脚的表现图例二

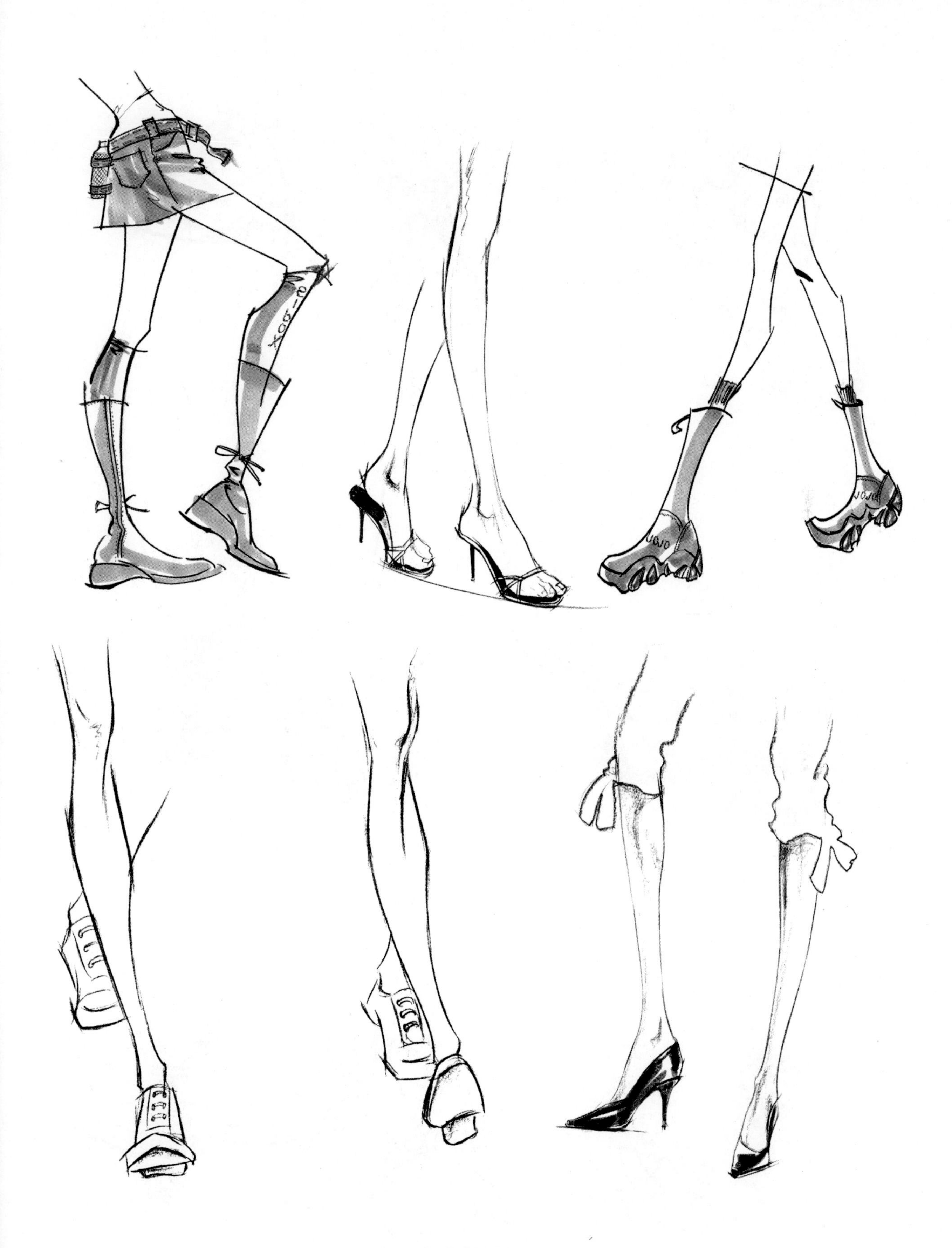

图3-30 腿脚的表现图例三

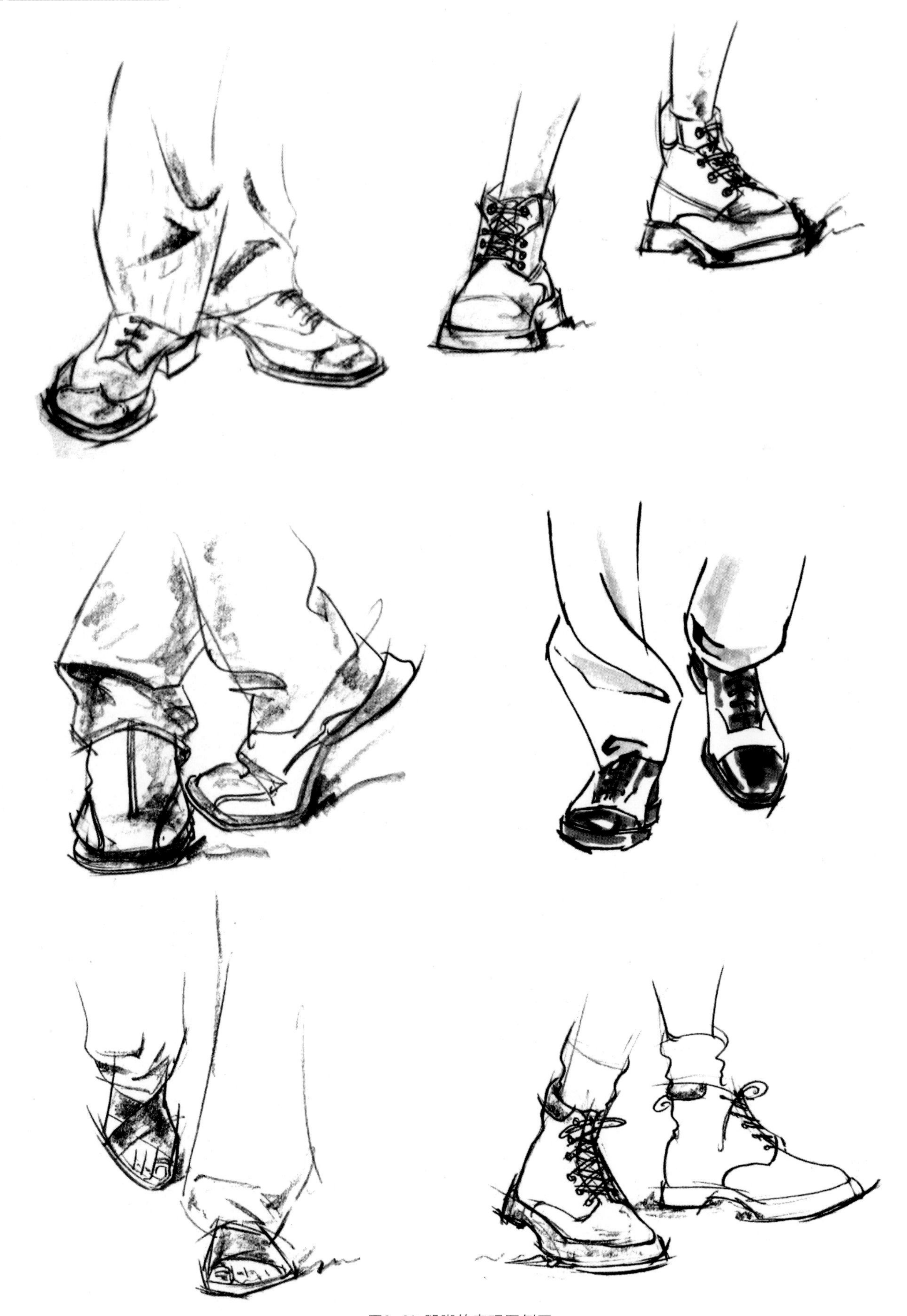

图3-31 腿脚的表现图例四

第四章 服装画素描稿的完成

本章节是服装画素描稿的最后环节，既是对前面所学知识的总结，同时也为色彩稿的学习作好铺垫。本章的内容较多，需要重点学习与掌握的主要包括：首先将学习如何将不同品种的服装穿到各种人体动态上，这也是学习服装画的基本目的，其中包括不同品种的上衣、裤子以及裙子等，并从动态、局部以及着装三个方面，通过步骤图的形式，完整地表现出服装画素描稿的绘制方法。其次，为使着装更加生动、逼真，就必须对服装中的某些关键部位、代表性的现象进行重点分析，找出其中的规律，如在不同角度下肘关节部位的褶皱变化以及髋关节的扭动与褶皱的走向等。第三，服装画素描稿的练习方法也是本章节中的另一个亮点，它采用文字与实际图例相结合的形式，清晰地展现出作品临摹、静态写生、动态写生以及服装画的艺术创作等各自特点。另外，本章还讲述了丰富多彩的素描稿表现形式，除常见的线描稿外，还展示了毛笔调子表现技法，给学生提供了更多的选择。

第一节 人体着装的方法

1.上衣着装步骤

（1）人体造型：根据服装特点，选择不同的人体动态，并采用体块的形式表现。

（2）款式选择：为更好地掌握服装款式由平面到立体的转换过程，我们可以直接从本章第一节中选取某平面款式图，并本着由简入繁、循序渐进的学习原则。

（3）画衣领及前门襟线：由于服装通常是对称式的，找出对称轴后，就便于对称轴两边形状的表现了。因此，着装的第一步通常是从衣领的左右翻折线入手，然后向下画出服装的前门襟线（即上衣的对称轴），并根据对称轴画出左右衣领的形状。

（4）画服装外形：本着从上到下、从左到右的原则，画出左右肩线以及胸、腰、臀处的服装外形线、底摆线。服装外观线条的表现形式、手法与服装本身的性质有着密切的联系：正装的线条严谨、洗练；休闲装的线条轻松、流畅；创意性服装的线条则充满幻想。

（5）画衣袖：画出左右衣袖造型。衣袖造型中袖山顶点以及袖肘褶皱的表现最为重要。

（6）局部刻画：在完成整体造型后就可以进行服装的局部表现了。局部的表现对服装的整体特性能起到很好的烘托作用，特别是口袋、褶皱以及装饰物等服装的局部造型。

（7）完成：去掉被服装覆盖的人体结构线，并对服装进行整体调整。在这个过程中必须抓住几个重点：首先是款式中核心语言的表现，能否充分体现出服装的主要特征；其次是表现的艺术性与技术性，包括服装的造型以及线条的运用是否美观、款式的表现是否准确等。（见图4-1~4-3）

图4-1 上衣着装步骤图例一

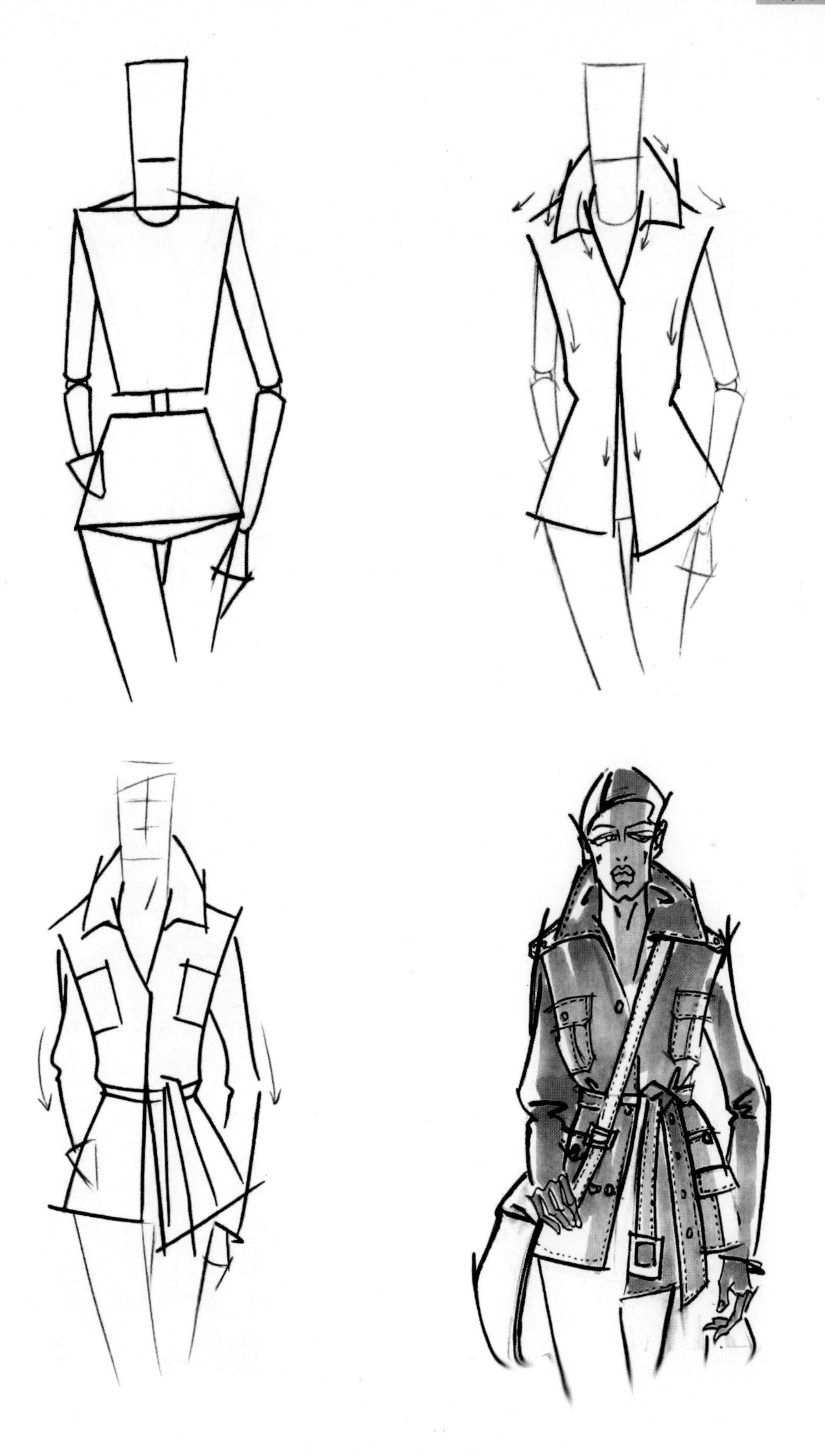

图4-2 上衣着装步骤图例二

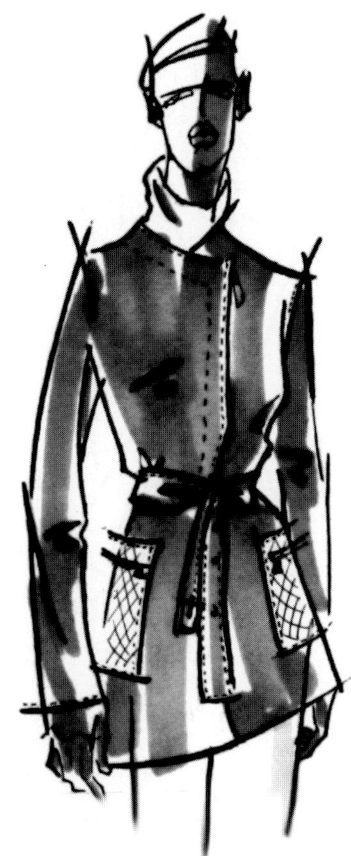

图4-3 上衣着装步骤图例三

2.裤子着装步骤

(1)人体造型：用体块的形式表现人体动态。

(2)款式选择：为方便学习，我们可以先从短裤入手。

(3)画腰线：腰线类同于裤子的衣架，外观形式直接源于人体腹腔的动态变化，与人体动态相辅相成。另外，不同形式的腰线还会影响到裤子的整体造型以及风格特征。

(4)画前中线：即裤子的对称轴。

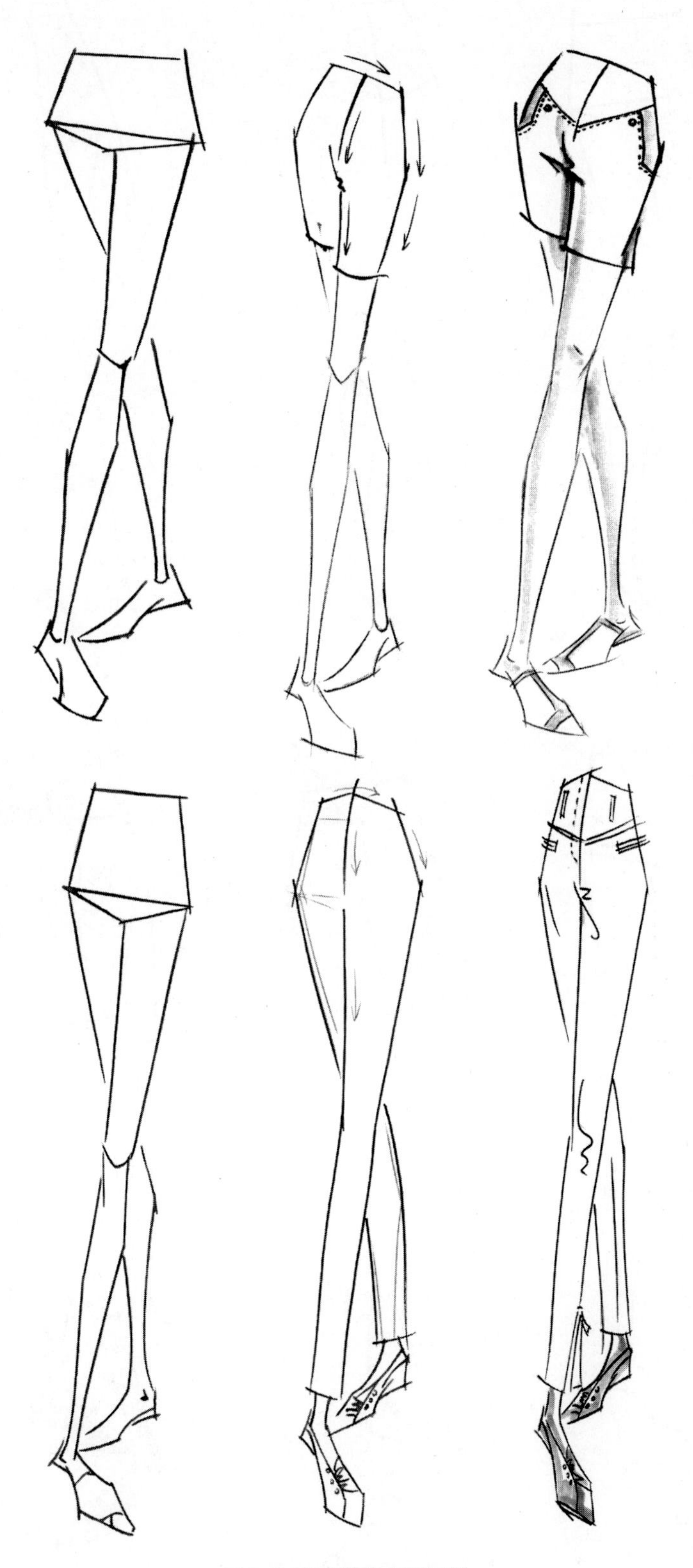

图4-4 裤子着装步骤图例一

(5)画内缝线：分别画出裤子左右腿的内缝线。

(6)画裤子外形线：画出裤子的外侧缝线以及裤口线。有时可根据具体情况对步骤的先后次序进行必要的调整。

(7)局部刻画：裤子的局部主要包括腰头、裤裆、口袋、裤口以及褶皱、装饰物等局部的造型。

(8)完成：去掉被覆盖的人体结构线，并调整裤子的整体造型。（见图4-4、图4-5）

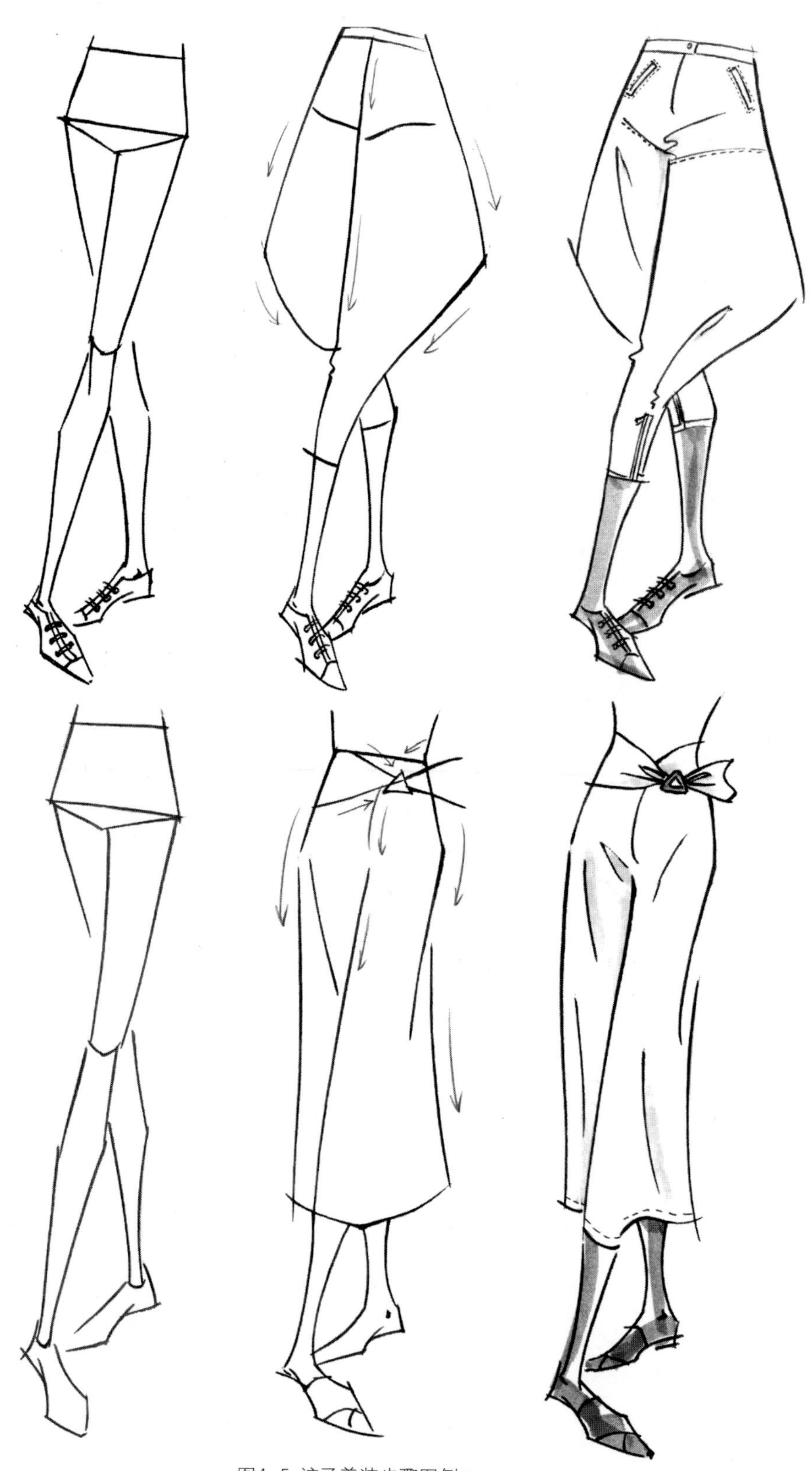

图4-5 裤子着装步骤图例二

3.裙子着装步骤

(1)人体造型：采用体块的形式表现出人体的动态。

(2)款式选择：裙子的款式变化丰富，可以先选择简洁、明确能较好地体现人体造型的款式入手。

（3）画腰线：画出裙子的腰线，通常呈显凹状。

（4）画外形线：在画好腰线后，直接从臀部两侧入手，画出裙子的外轮廓线。必须注意不同的动态造型，会使得裙子左右两边的侧缝线发生明显的

图4-6 裙子着装步骤图例一

变化，还会影响到裙子褶皱的变化。

（5）画褶皱：对紧身裙而言，褶皱的走势和髋部、腿部的动态变化有着直接的联系，不同的褶皱能充分反映出人体的动态特征；大摆裙的表现重点在裙子的下摆波浪及转折变化上。

（6）完成：去掉被覆盖的人体结构线，调整裙子的整体造型，同时加强核心部位的刻画。（见图4-6、图4-7）

图4-7 裙子着装步骤图例二

第二节 服装画素描稿的完整表现

1.人体动态

（1）位置经营：熟练掌握构图的基本知识，并充分利用画面空间来传递更多的视觉信息。

（2）动态选择：根据服装需要，选择最佳的人体动态。

（3）动态表达：准确把握胸腔、腹腔两大体块的动态特征，以及由两大腔体带动的四肢变化。

（4）动态检测：为抓住创作时的瞬间激情，有时我们会忽略了人体的基本知识，待作品完成后常留下缺憾，因此，对人体的重心、比例、动态的检测显得非常重要。

2.人体局部

（1）面部：五官以及手、脚的语言最能表现服装以及人物的精神内涵，因此，必须对其进行认真刻画。

（2）手：手的语言相当丰富、优美。手的观察角度、姿态以及处理技巧是表现手部的关键。

（3）腿、脚：必须进行认真的分析、研究，包括膝关节、踝关节的骨骼特点、肌肉的走势以及脚部的不同造型、着鞋后的表现等。

3.人体着装

（1）服装：分析款式特征，运用所学知识，从上衣开始逐一完成。

（2）裙、裤：裙摆褶皱、裙边、裤腰以及膝部褶皱是表现的重点。

（3）鞋子：侧面的鞋子表现比较容易，正面以及半侧面的鞋子由于脚部透视发生了改变，鞋子的造型也会随之变化。

（4）装饰物：根据服装的风格设计选择不同的表现手法，注意装饰物的造型、色彩与服装之间的搭配。（见图4-8~4-10）

图4-8 素描稿完整表现图例一

图4-9 素描稿完整表现图例二

图4-10 素描稿完整表现图例三

第三节 服装表现的重点与难点

1.服装造型与人体结构的关系

（1）领线：人体结构有其固有的特征，因此服装款式的造型必须符合人体结构。传统的中式衣领最能体现服装领部造型与人体结构的关系，从中我们可以了解到高、中、低等不同领线下衣领的造型与人体结构之间的关系。

（2）透视：由于视角发生变化，服装在颈部、肩部、前中线均发生明显改变，会直接影响到领型的变化。（见图4-11、图4-12）

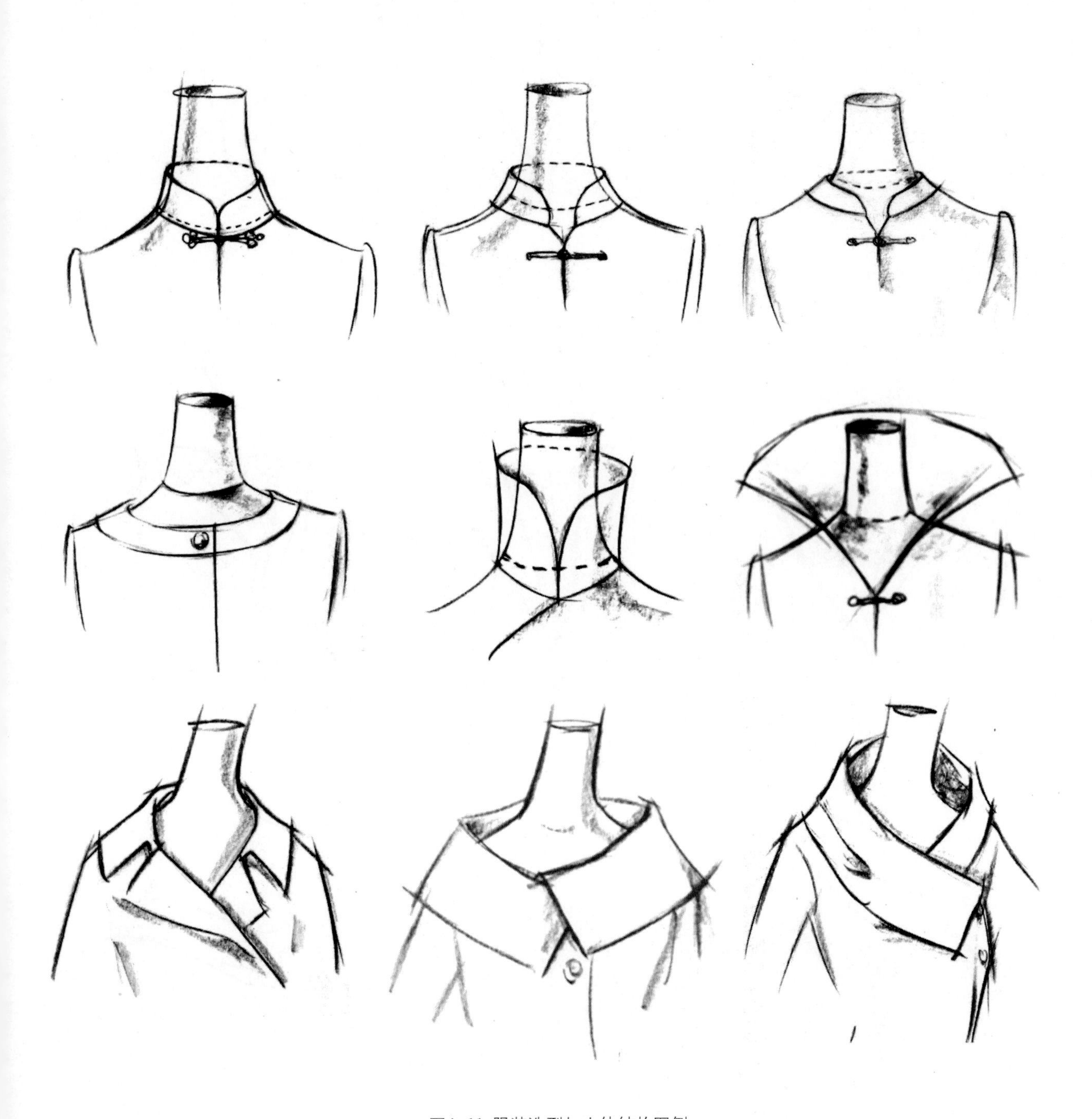

图4-11 服装造型与人体结构图例一

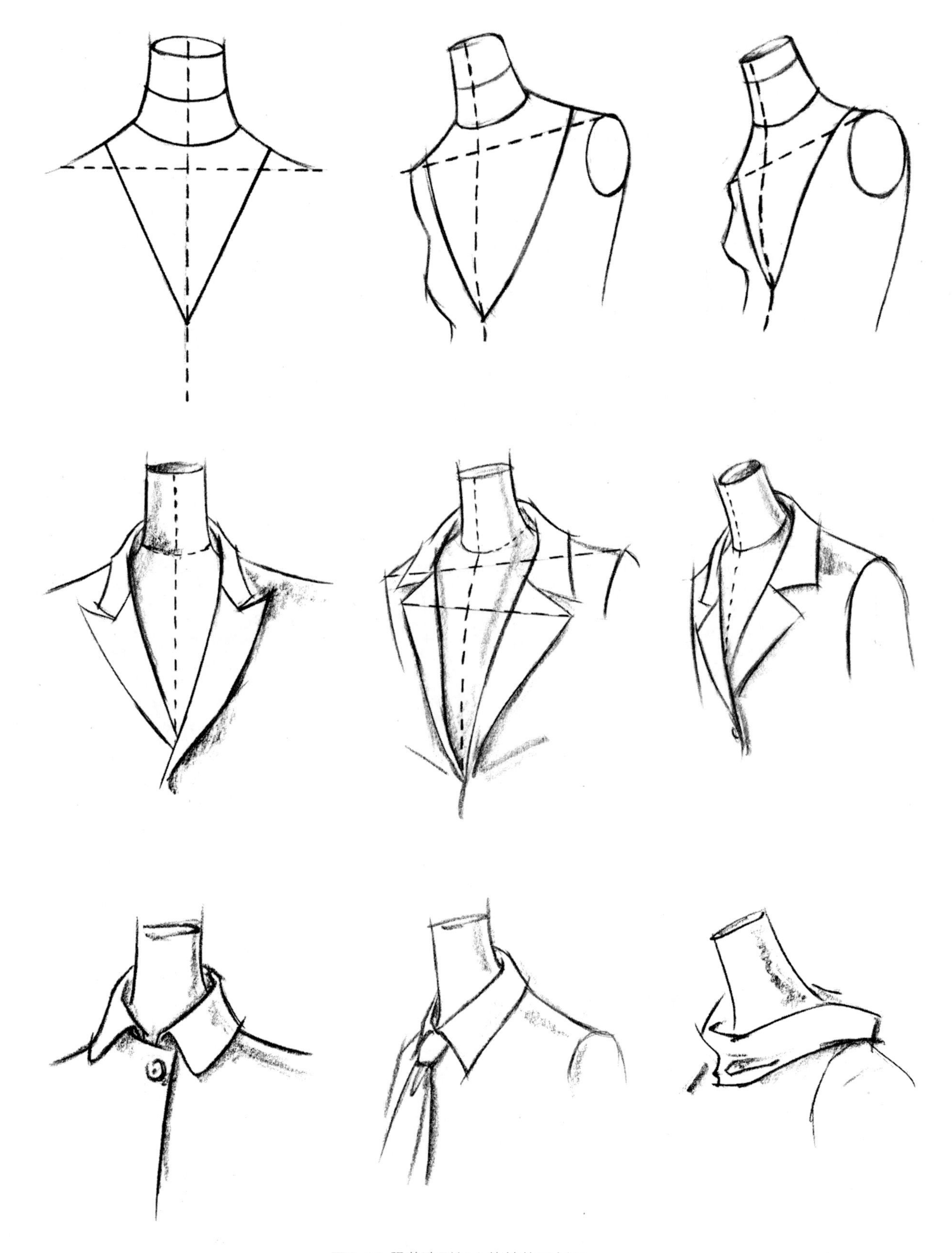

图4-12 服装造型与人体结构图例二

2.服装褶皱与人体动态的关系

（1）衣袖：服装褶皱的产生主要来源于人体动态，衣袖的造型重点在于肘关节角度的变化与褶皱的表现，角度越小，褶皱越密集。因此，采用同种动态不同角度的方法，能更好地总结褶皱产生的规律。（见图4-13、图4-14）

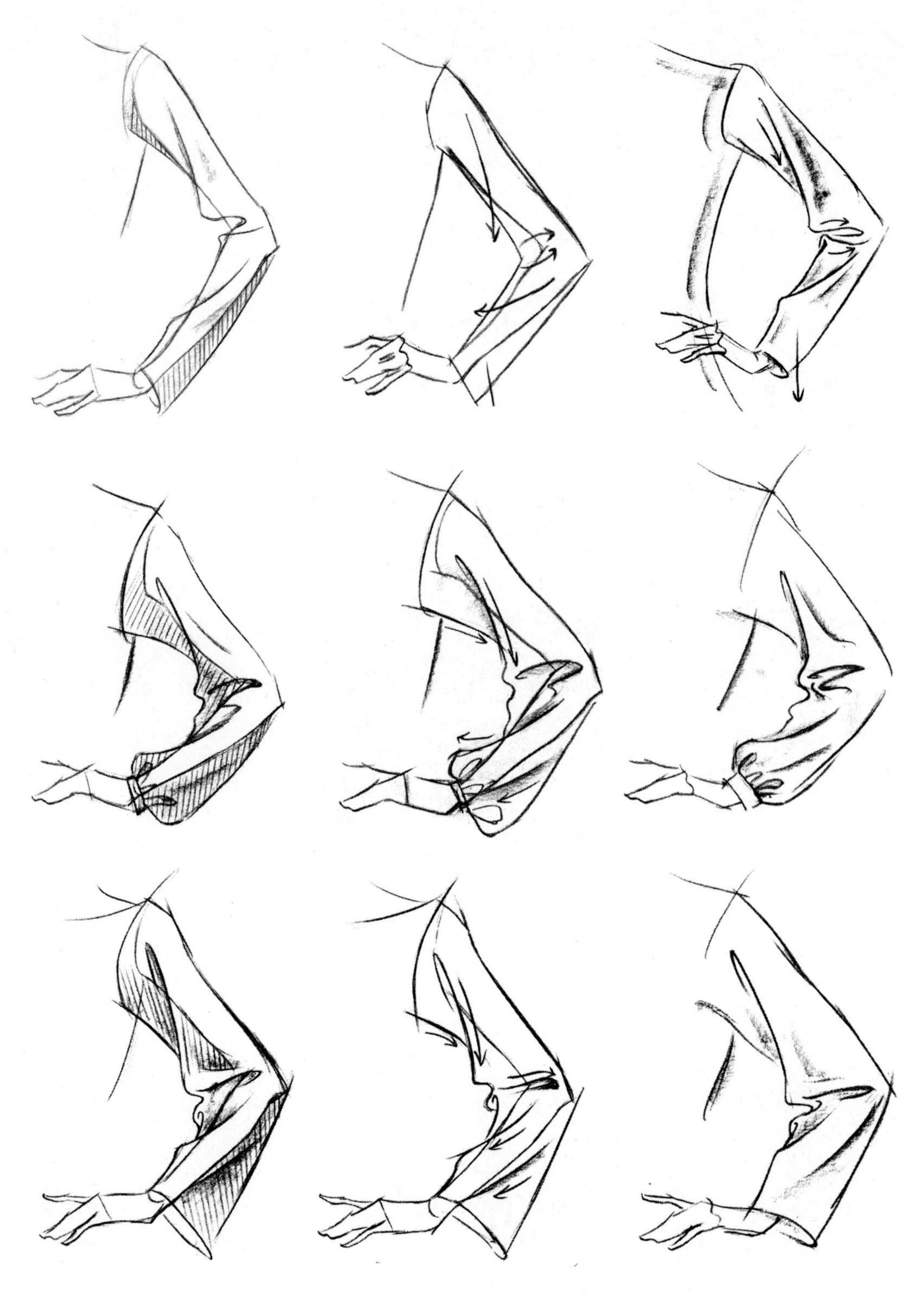

图4-13 服装褶皱与人体动态图例一

图4-14 服装褶皱与人体动态图例二

（2）裤子：腹腔与下肢以及大腿与小腿间的扭曲变化是裤子褶皱产生的主要原因。通过观察与分析我们还会发现正面、侧面等不同角度下裤子的褶皱都是有规律可循的。(见图4-15、图4-16)

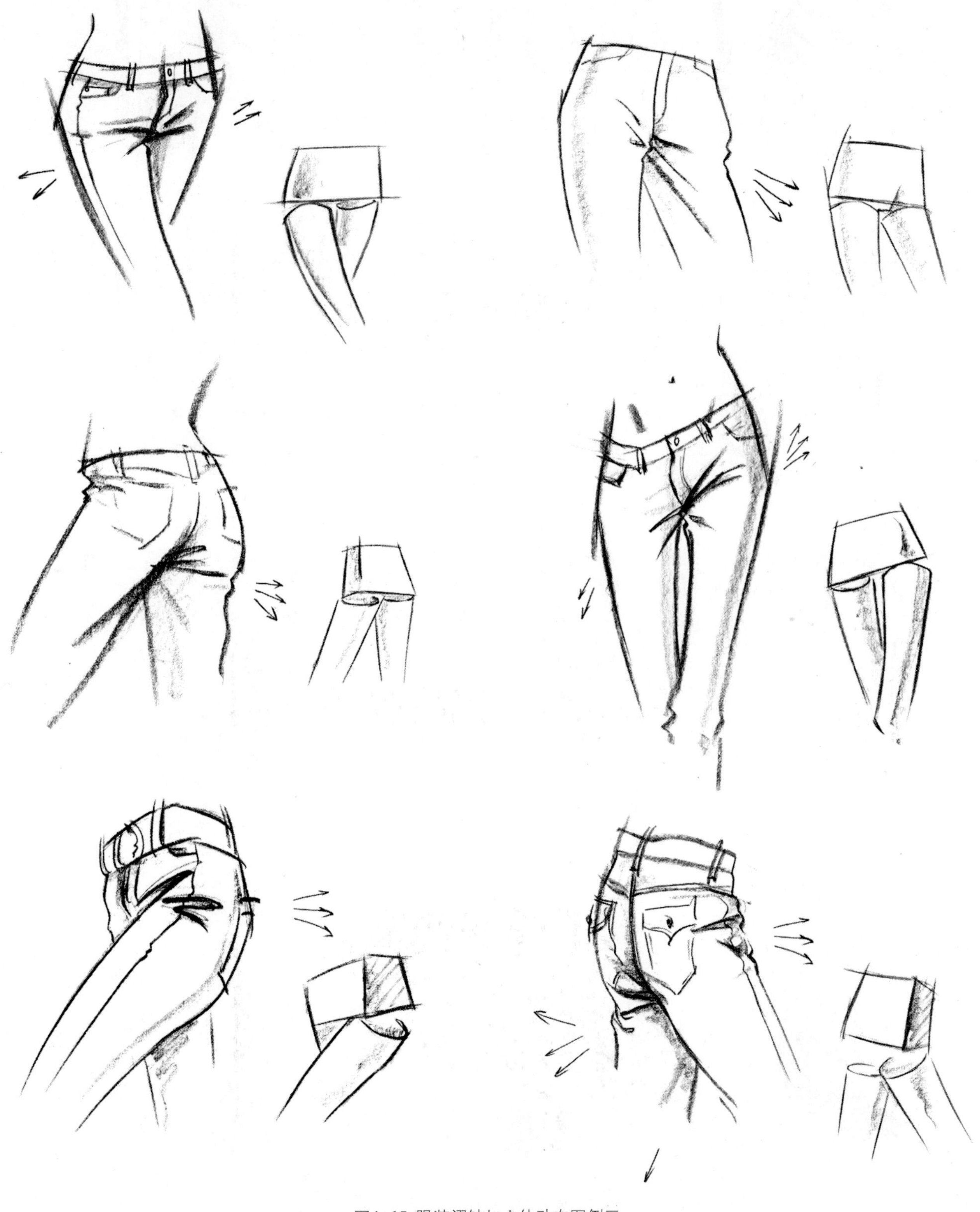

图4-15 服装褶皱与人体动态图例三

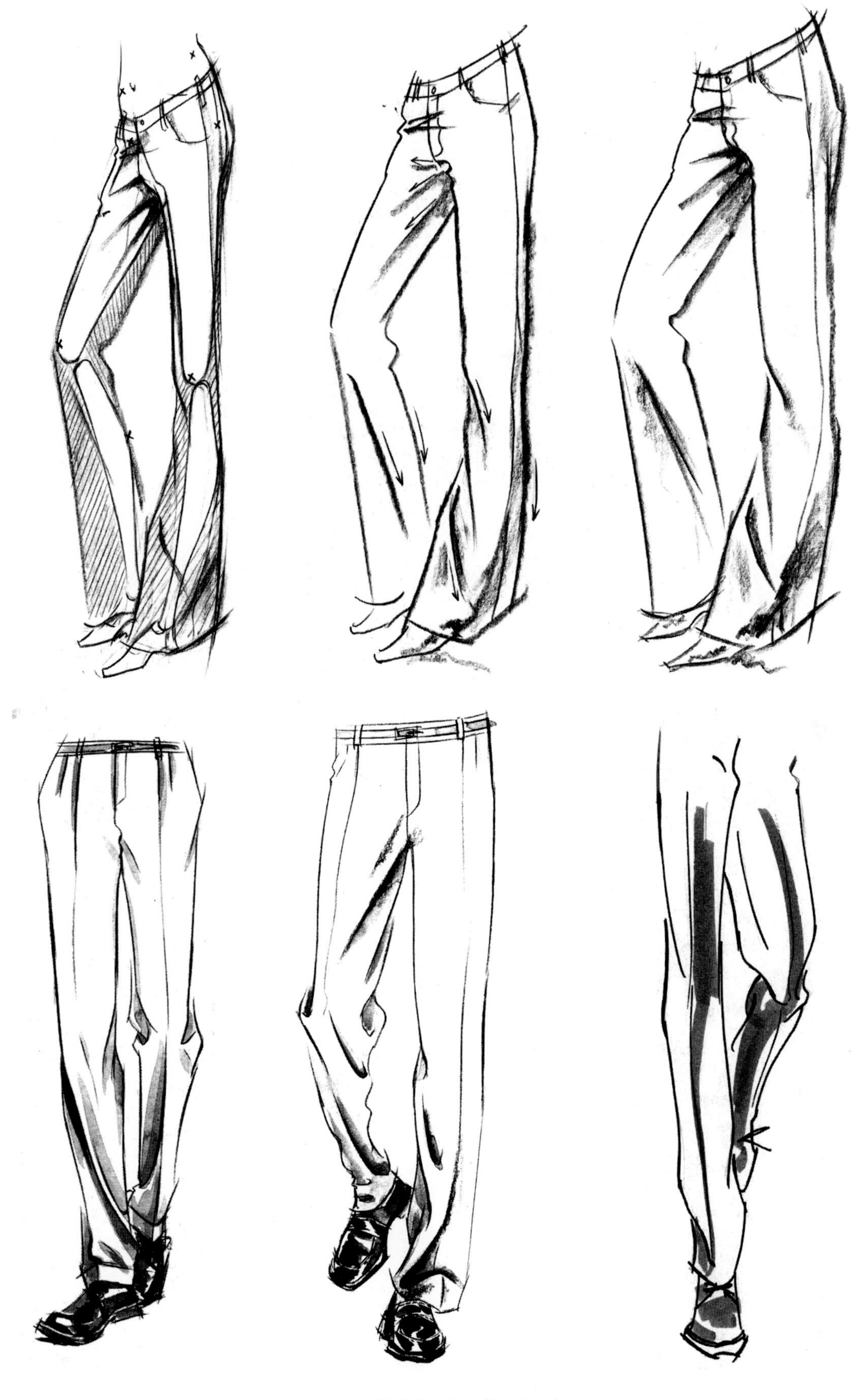

图4-16 服装褶皱与人体动态图例四

（3）裙子：我们可以将裙子分为紧身的窄裙以及宽松的大摆裙。由于它们各自不同的松紧状况，表现出的褶皱走势也截然不同：紧身窄裙的褶皱以横向为主，清晰、有力；大摆裙的褶皱成纵向，通常是上紧下松，下摆成弧线形，底摆结构的描绘对裙摆的褶皱表现非常重要。（见图4-17、图4-18）

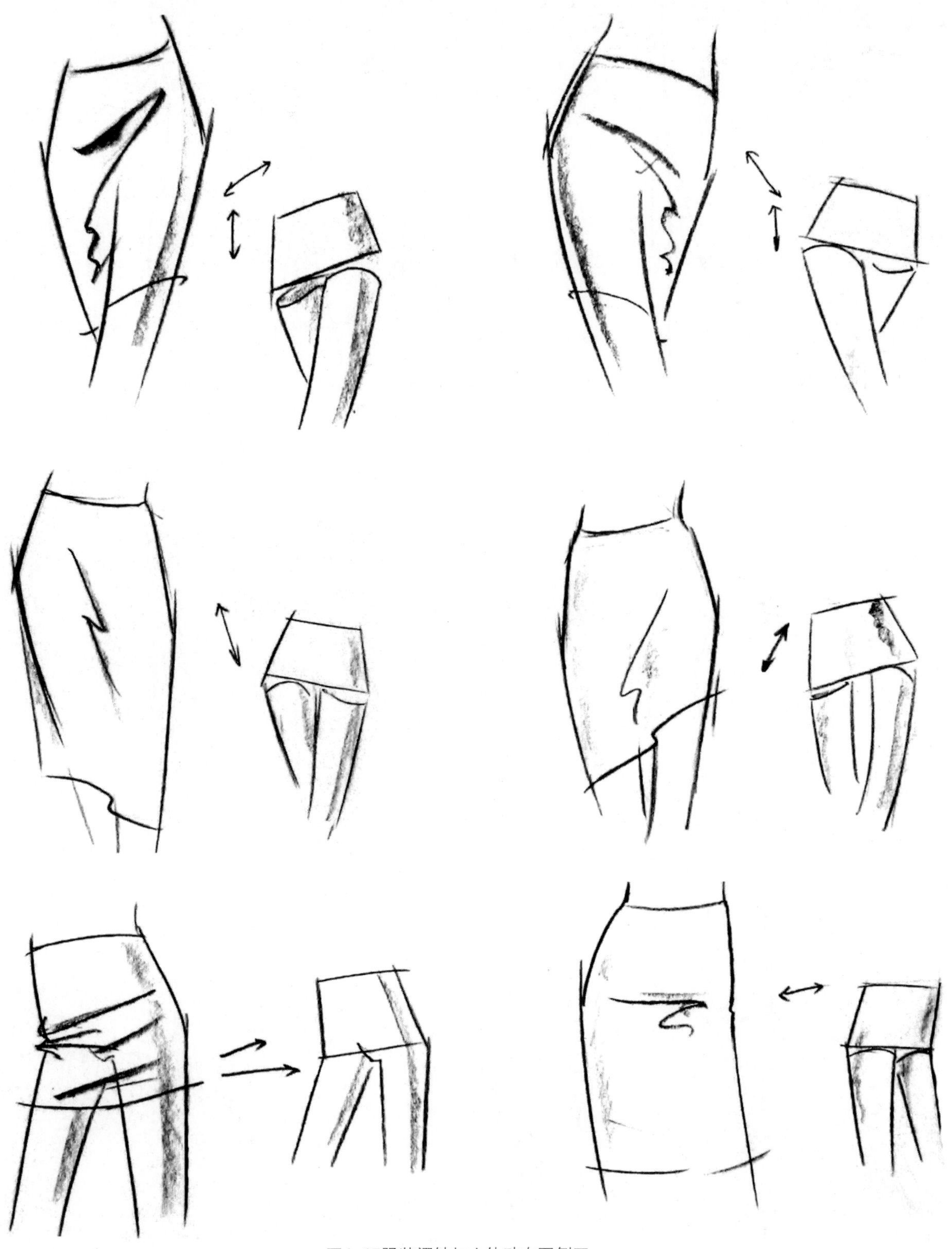

图4-17服装褶皱与人体动态图例五

图4-18 服装褶皱与人体动态图例六

第四节 服装画素描稿的练习方法

通过学习，我们总结出了以下四种素描稿的练习方法。

1.作品临摹

（1）目的：通过服装画作品的临摹，可以学习到不同的表现技法，是一种最直接有效的学习方法。

（2）特点分析：作品临摹作为服装画素描稿练习的基础阶段，具有简便易学、选择性强、时间自由等特点。我们可以根据自己的喜好，进行作品的挑选，刚开始时可多选择一些相对写实的服装画作品进行临摹。（见图4-19~4-21）

图4-19 作品临摹图例一

图4-21 作品临摹图例三

图4-20 作品临摹图例二

2.静态写生（模特道具）

（1）目的：挑选标准的服装模特道具作为写生对象，能进一步掌握服装人体及着装的相关知识。

（2）特点分析：静态写生是服装画素描稿练习的第二阶段，可深入了解人体的结构、动态以及不同角度的透视关系。主动性强、时间充裕，并可自由选择模特道具姿态以及搭配不同的服装款式。（见图4-22~4-24）

图4-22 道具模特写生图例一

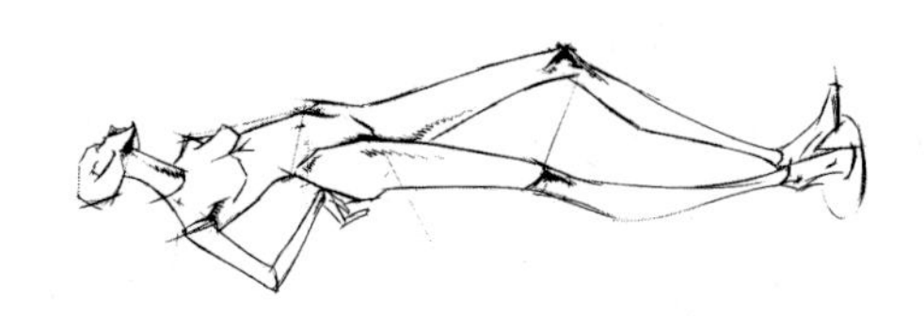

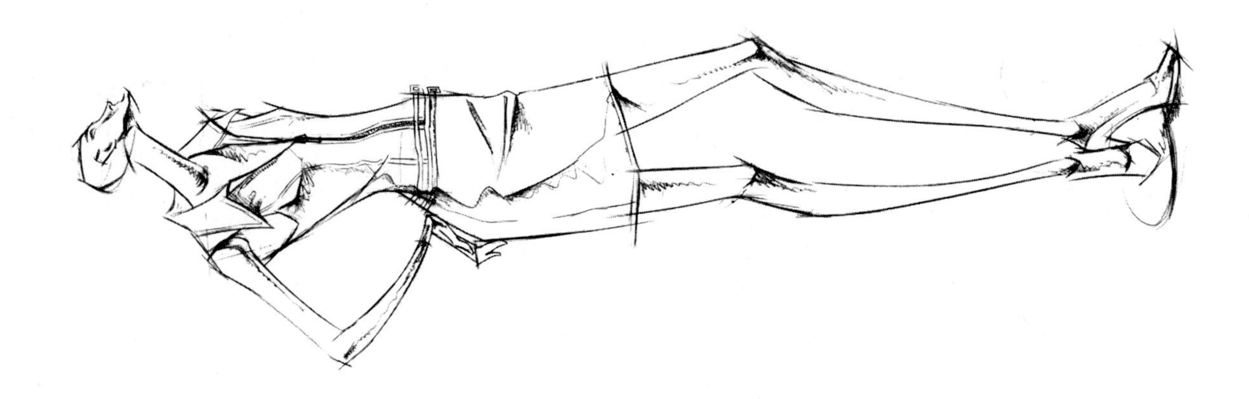

图4-23 道具模特写生图例二

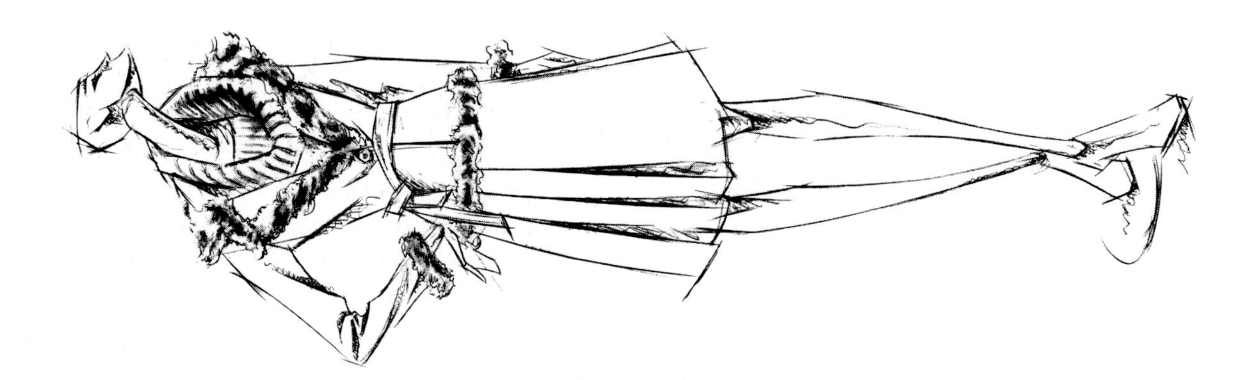

图4-24 道具模特写生图例三

3.照片写生

（1）目的：通过对真实对象的观察与分析，为我们提供了最有价值的人物及服装形象资料。

（2）特点分析：照片写生是服装画素描稿练习的提高阶段。作为服装画素描稿练习的第三个环节，相对前面两种方法而言，照片写生的难度显然增加了许多。照片写生按照归纳、总结、夸张等手法进行艺术处理（见图4-25、图4-26）。

图4-25 照片写生图例一

图4-26照片写生图例二

图4-27 真人模特写生图例一

4.模特写生

（1）目的：优美、逼真的人物形象最能激发我们的艺术热情，它为服装画艺术提供了无穷尽的灵感来源。

（2）特点分析：是服装画素描稿练习的高级阶段。它是以真实的模特作为对象，为服装画艺术创作提供了第一手资料，语言表达最丰富，也最能体现我们的艺术才华。（见图4-27~4-29）

图4-28 真人模特写生图例二

图4-29 真人模特写生图例三

第五节 常用的表现技法

1.铅笔线描

铅笔线描包括匀线和粗细线两种形式。匀线是服装画表现的基础，要求画面线条粗细均匀一致。主要通过线条长短、疏密以及用笔的轻重缓急来丰富画面效果；粗细线画面受光部分多中锋，线条细且明确，背光及阴影部分多侧锋，线条粗且模糊。由于画面线条粗细不一，表现力更强。（见图4-30~4-34）

图4-30 铅笔线描图例一

图4-31铅笔线描图例二

图4-32 铅笔线描图例三

图4-33 铅笔线描图例四

图4-34铅笔线描图例五

图4-35 钢笔线描图例一

2.钢笔线描

钢笔线描是指在铅笔草图基础上直接用钢笔、签字笔等工具的描绘（铅笔草图附着铅粉，会出现断线现象，因此在画钢笔稿之前可用橡皮轻擦铅笔稿），并可利用弯头钢笔的粗细变化来丰富画面效果。（见图4-35~4-41）

图4-36 钢笔线描图例二

图4-37钢笔线描图例三

图4-38 钢笔线描图例四

图4-39 钢笔线描图例五

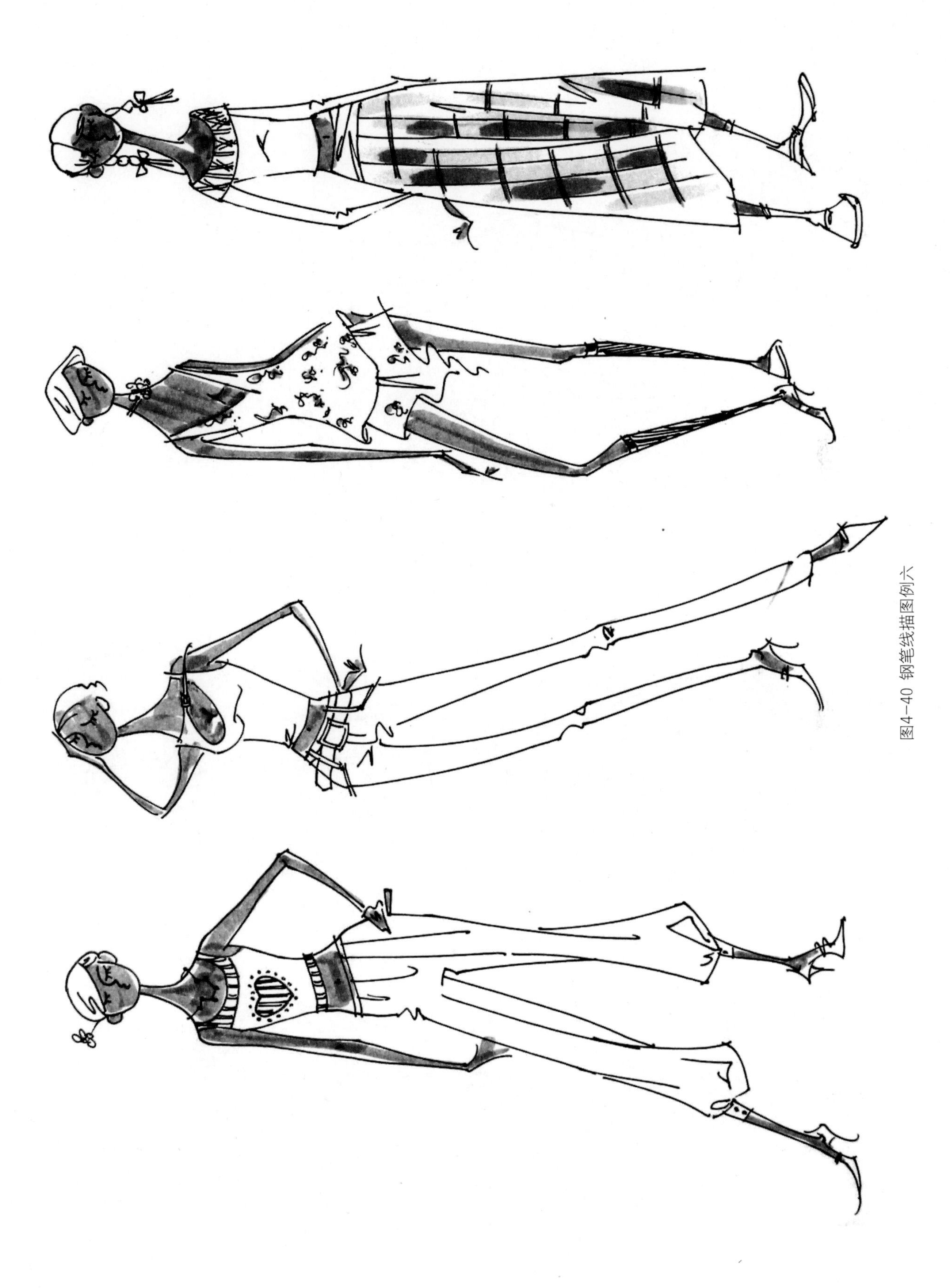

图4-40 钢笔线描图例六

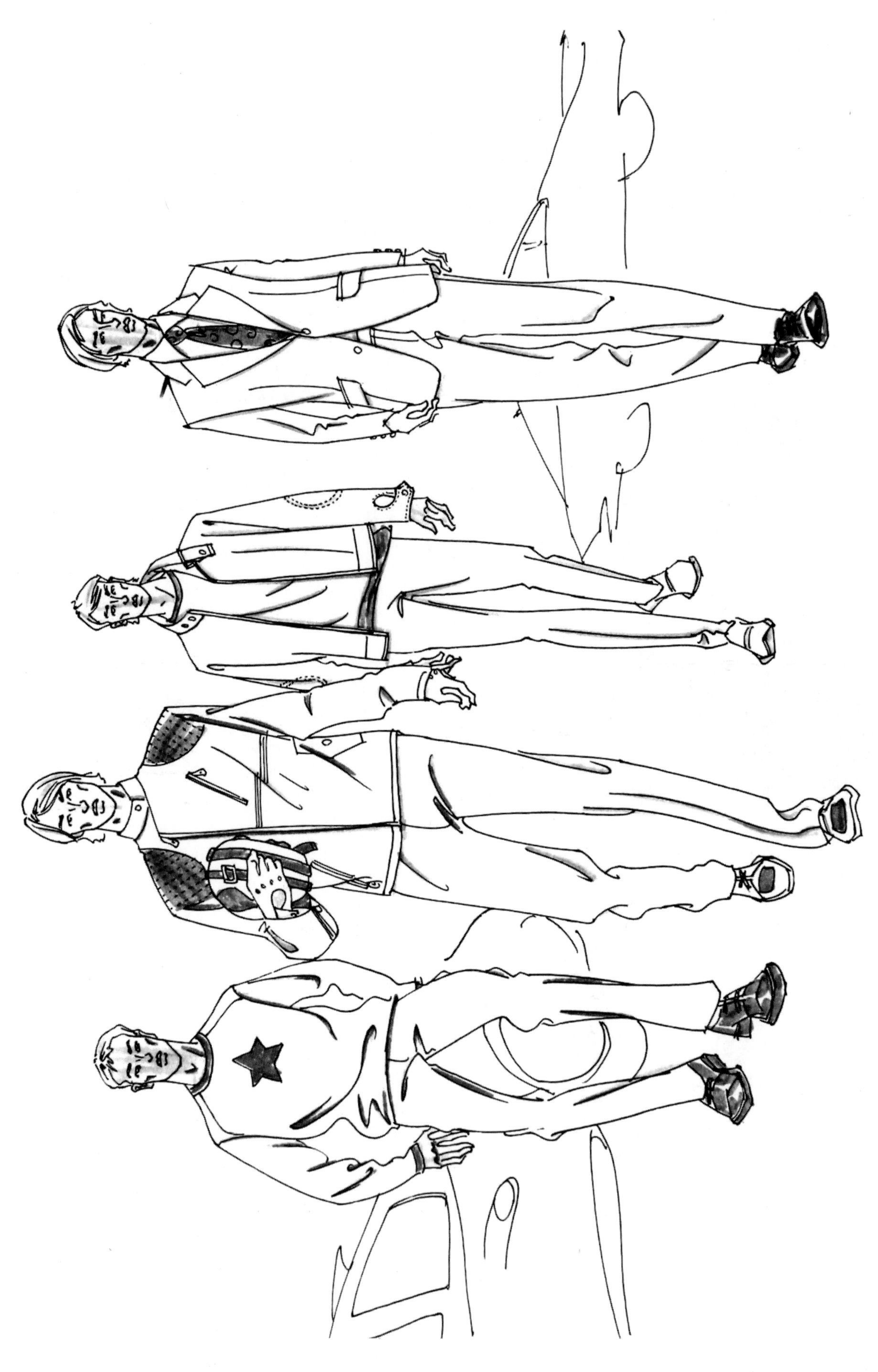

图4-41 钢笔线描图例七

3.毛笔线描

先从肤色入手（由于是初次练习，肤色只需上一遍色即可完成），用笔要简洁利落，水分的把握要适中。服装上色时的运笔方向要和褶皱走势以及铅笔稿的方向一致。第一遍色可将服装涂满，少留或不留高光；第二遍色略深，主要表现褶皱及阴影部分；最后用毛笔画出服装的款式线以及外轮廓线即可。（见图4-42~4-43）

图4-43 毛笔调子图例二

图4-42 毛笔调子图例一

第五章 服装画色彩稿综述

第一节 色彩常识

1.色彩的三大要素

（1）色相：指红、黄、蓝、绿等不同色彩的名称。不同的颜色按照不同的比例关系进行调配，又能够产生更多新的色彩。除了以上一系列有彩色之外，还有无彩色，包括黑、白、金、银、灰。由于无彩色系固有的特性，它们和任何颜色的搭配都显得和谐、自然，因此也被趣称为色彩中的“万金油”。

（2）明度：色彩的明暗程度。主要是通过加入不同量的白色以及黑色来进行色彩明度的控制。

（3）纯度：色彩的单纯程度，也称彩度。当一种颜色加入不同量的其他颜色时，其纯度就会降低。加入量越多，其纯度就越低。

2.色彩的心理感觉

（1）冷暖：服装画以及服装设计中必须掌握的基本知识。通常，象征太阳、火光以及生命的红、橙、黄等均为暖色系，用暖色系来表现冬季的服装会给人温暖的感受；而蓝、紫为冷色系，多用来表现夏季服装。

（2）华丽与朴素：色彩的华丽程度是由纯度决定的，同时和明度也有一定的关系。纯度、明度越高，色彩越显华丽；而低纯度的色彩则给人朴素的感觉。

（3）活泼与庄重：暖色系、高明度、高纯度的颜色给人活泼的感觉，多用来表现青少年服装；而冷色系、低明度、低纯度的颜色则带给人庄重之感，多用于正装。

第二节 常用的工具及材料

1.画笔

（1）铅笔：多用于服装画的起稿，一般使用软硬适中的HB型。

（2）钢笔：根据书写的粗细，可分为普通钢笔和速写钢笔两种。

（3）彩色铅笔：表现方法和普通铅笔相同。分为水溶性和非水溶性两种。水溶性彩铅晕染后具有水彩效果。

（4）油画棒：颗粒较粗、固有的油性特征使其具有一定的阻染效果，多配合水彩、水粉使用。

（5）色粉笔：表面成粉末状、色彩间过渡柔和，可配合纸笔、棉签等工具使用。

（6）麦克笔：分油性和水性两种，笔感较硬、色彩鲜艳、色与色之间难以调和。

（7）水彩笔：以圆头狼毫为佳，具有表现力强、收放自如的特点。

（8）水粉笔：扁平状的特征使其多用于厚重材料以及画面底纹效果的表现。

2.颜料

（1）水彩：以水为主要媒介，具有透明和缺乏覆盖力的特点。

（2）水粉：不透明、具有较强的覆盖力与表现力。

3.纸

（1）水彩、水粉纸：纸质较硬、表面粗糙，便于水、色的表现，是服装画常用的纸张。

（2）素描纸：纸质较脆、吸水力强，多用于服装画素描稿的练习。

（3）色纸：纸张表面有不同的颜色，利用其表面色彩能够创造出不同的画面效果。

4.其他

（1）试色纸：色彩稿的运笔讲求准和快，不可反复涂抹、随意更改。为做到心有数，就必须用同于画稿的纸张来调试色彩以及笔中水份的含量。

（2）吸水纸巾：可以吸去笔上多余的水分。

第三节 常用的表现技法

1.水彩

（1）特性分析：透明、覆盖力差是水彩颜料的基本特性。它主要通过水量的变化来控制色的浓淡（明度变化），具有明快、剔透的画面效果，适合人体肌肤以及轻薄型面料的表现。

（2）表现步骤（见图5-1~5-16）：

①用铅笔或钢笔画出人物及服装款式。

②画出肌肤的第一遍颜色，并画出服装、相关配件以及头发的基本颜色，同时注意光源以及高光的位置。

③阴影部分的表现以及服装纹样的描绘。

④调整画面整体关系并对局部作进一步刻画。

图5-1 水彩表现技法图例一（步骤1）

图5-2 水彩表现技法图例一（步骤2）

图5-3 水彩表现技法图例一（步骤3）

图5-4 水彩表现技法图例一（步骤4）

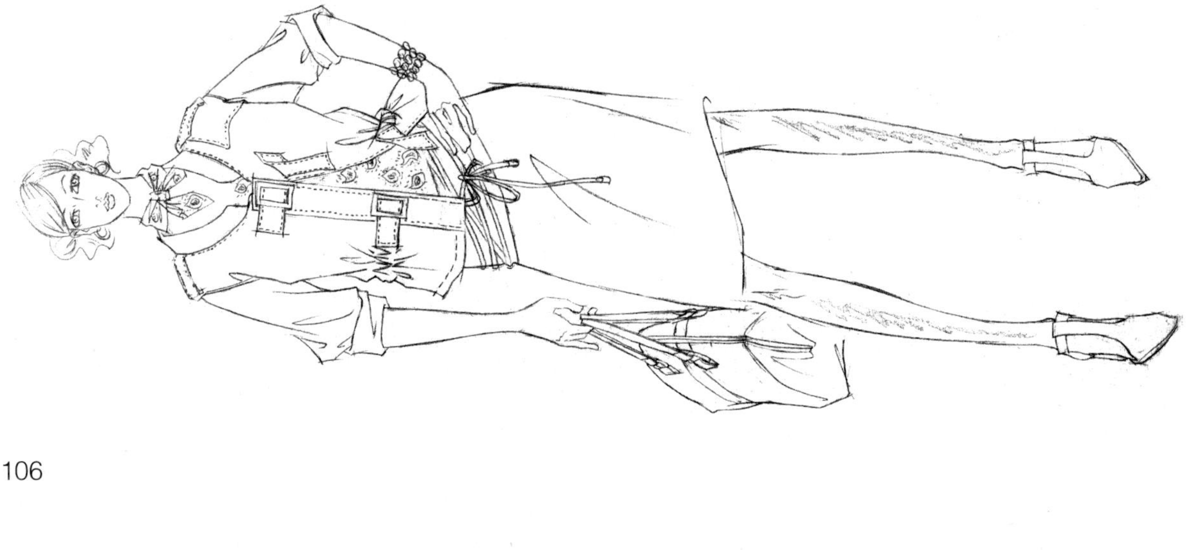

图5-5水彩表现技法图例二（步骤1）

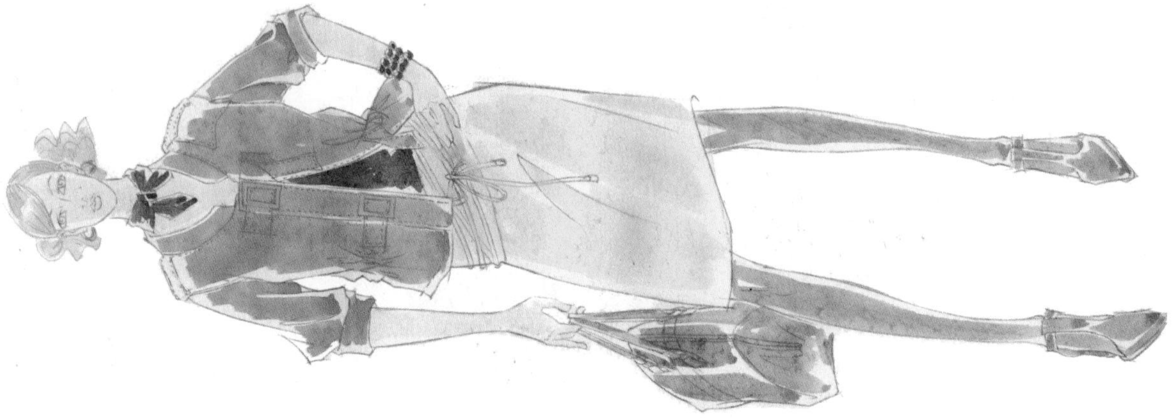

图5-6 水彩表现技法图例二（步骤2）

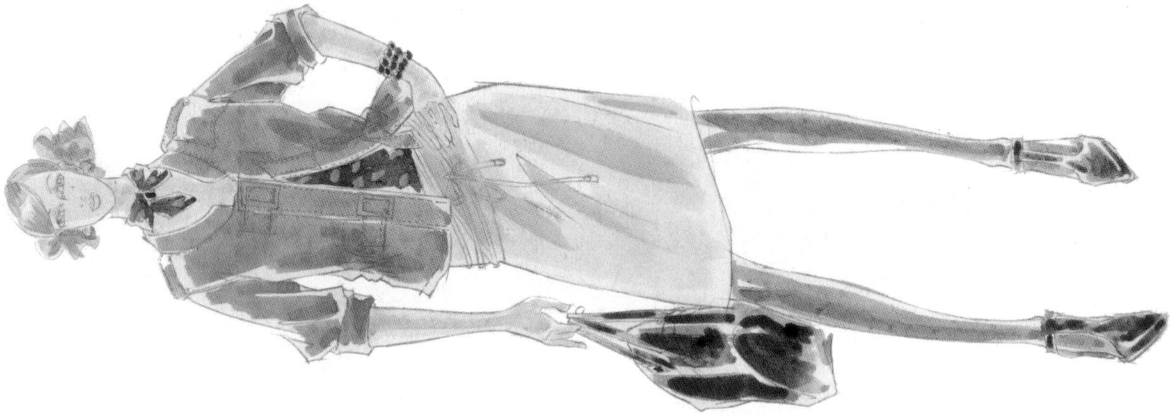

图5-7 水彩表现技法图例二（步骤3）

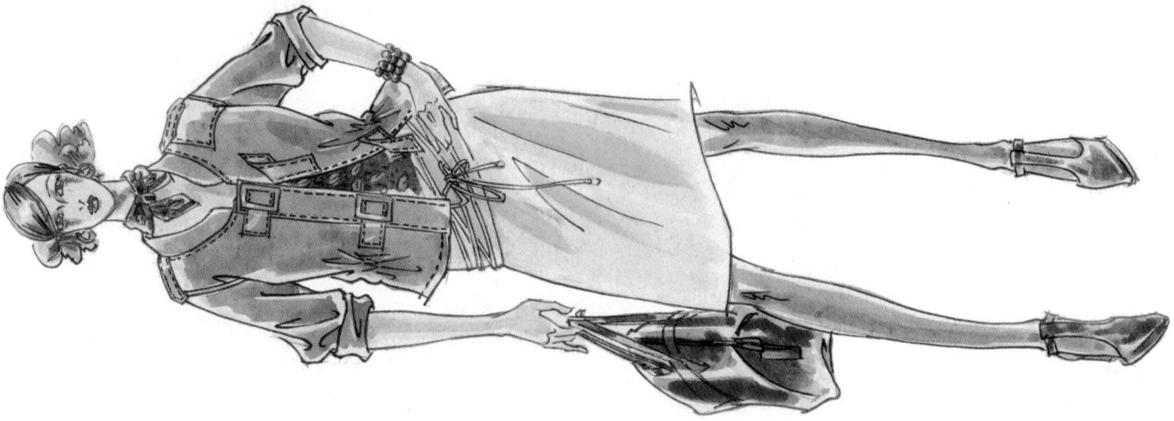

图5-8 水彩表现技法图例二（步骤4）

图5-9 水彩表现技法图例三（步骤1）

图5-10 水彩表现技法图例三（步骤2）

图5-11 水彩表现技法图例三（步骤3）

图5-12 水彩表现技法图例三（步骤4）

图5-13 水彩表现技法图例四（步骤1）

图5-14 水彩表现技法图例四（步骤2）

图5-15 水彩表现技法图例四（步骤3）

图5-16 水彩表现技法图例四（步骤4）

2.水粉

（1）特性分析：不透明、覆盖力强是水粉颜料的基本特性，通过加减白色来控制色的浓淡（明度变化）。水粉的表现技法分薄画法和厚画法。

（2）表现步骤（见图5-17~5-32）：

①用铅笔或钢笔画出人物及服装的具体款式。

②画出肌肤第一遍色，并画出服装、相关配件以及头发的基本颜色。由于水粉的着色要相对厚一些，不必追求水彩的灵动效果，因此在运笔的速度上相对较慢。

③画出肌肤以及服装的阴影部分。注意上色时要等第一遍颜色彻底干透后，方可画阴影部分的深色系。

④最后调整画面整体关系。

图5-17 水粉表现技法图例一（步骤1）

图5-18 水粉表现技法图例一（步骤2）

图5-19 水粉表现技法图例一（步骤3）

图5-20 水粉表现技法图例一（步骤4）

图5-21 水粉表现技法图例二（步骤1）

图5-22 水粉表现技法图例二（步骤2）

图5-23 水粉表现技法图例二（步骤3）

图5-24水粉表现技法图例二（步骤4）

图5-25 水粉表现技法图例三（步骤1）

图5-26 水粉表现技法图例三（步骤2）

图5-27 水粉表现技法图例三（步骤3）

图5-28 水粉表现技法图例三（步骤4）

图5-29 水粉表现技法图例四（步骤1）

图5-30 水粉表现技法图例四（步骤2）

图5-31 水粉表现技法图例四（步骤3）

图5-32 水粉表现技法图例四（步骤4）

3.彩色铅笔

（1）特性分析：包括水溶性彩色铅笔和非水溶性彩色铅笔两种。水溶性彩色铅笔不仅具备普通彩色铅笔的基本特性，还可以利用水的渲染来达到水彩的效果，由于彩色铅笔是一种易于掌握的工具，因此倍受初学者推崇。

（2）表现步骤（见图5-33~5-36）：

①用铅笔勾画出人物以及服装的外轮廓，并用彩铅画出肌肤颜色。

②画出服装以及头发的基本色，注意运笔的平稳与协调。

③画出肌肤以及服装的阴影。颜色须逐步加深，不必一次到位，这样画面比较富有层次感，最后对画面的整体作必要调整。

图5-33 彩铅表现技法图例一

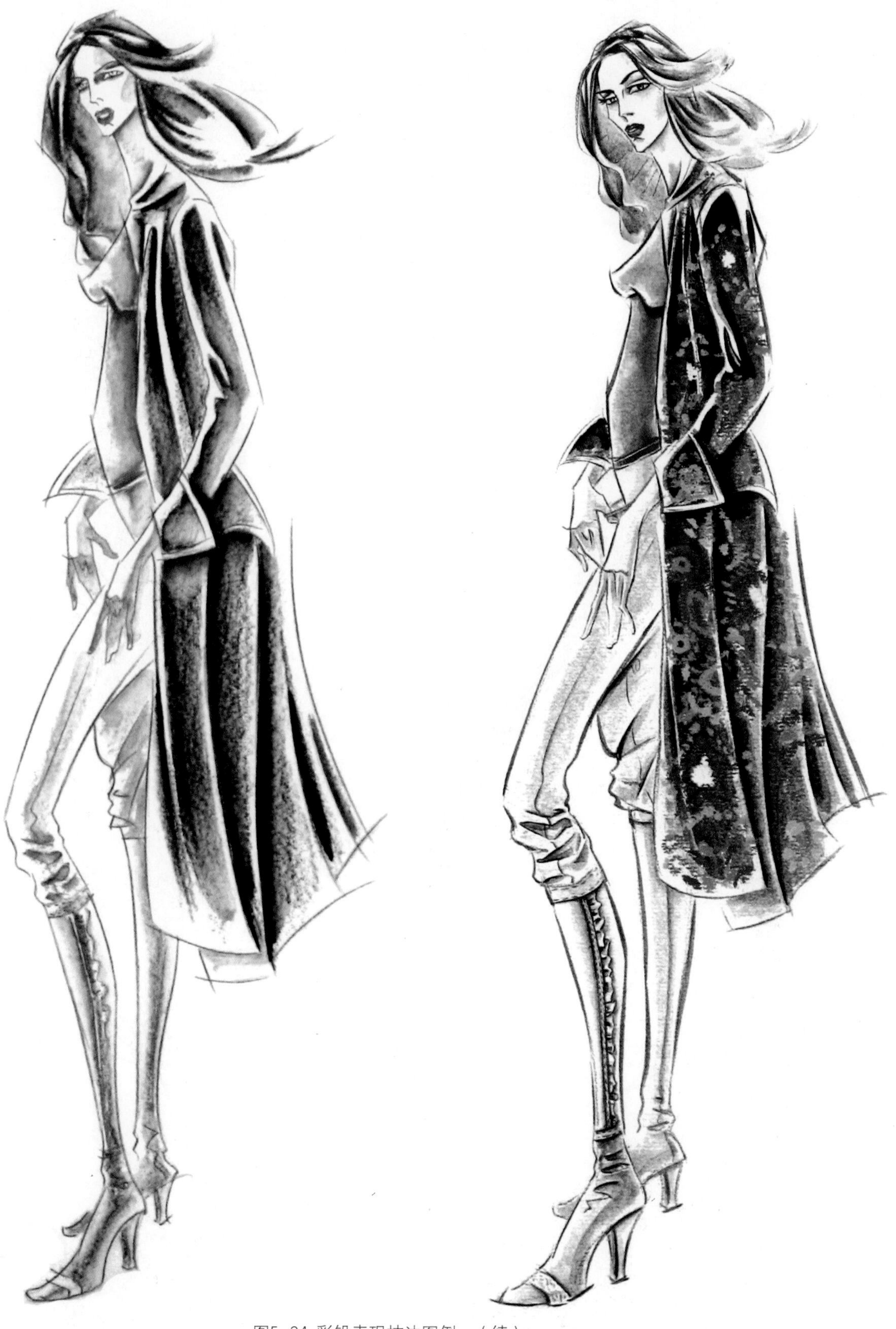

图5-34 彩铅表现技法图例一（续）

图5-35 彩铅表现技法图例二

图5-36 彩铅表现技法图例三

4.马克笔

（1）特性分析：具有简洁、方便、画面效果强烈的特点。用笔要求干净、利落，并通常配合签字笔、钢笔等使用，是快速记忆的最佳工具。

（2）表现步骤（见图5-37~5-46）：

①用铅笔或钢笔画出轮廓，注意衣纹表现。

②用马克笔画出肤色，并画出服装的基本色，注意运笔要求按照素描稿所表现的衣纹走势进行，每笔之间的距离保持有序。

③用较深的同类色画出肌肤以及服装的阴影。

④整体调整、局部刻画。由于马克笔的笔头硬且粗，因此五官、手脚以及头发等部位常采用其他工具协助表现。

图5-37 马克笔表现技法图例一（步骤1）

图5-38 马克笔表现技法图例一（步骤2）

图5-39 马克笔表现技法图例一（步骤3）

图5-40 马克笔表现技法图例一（步骤4）

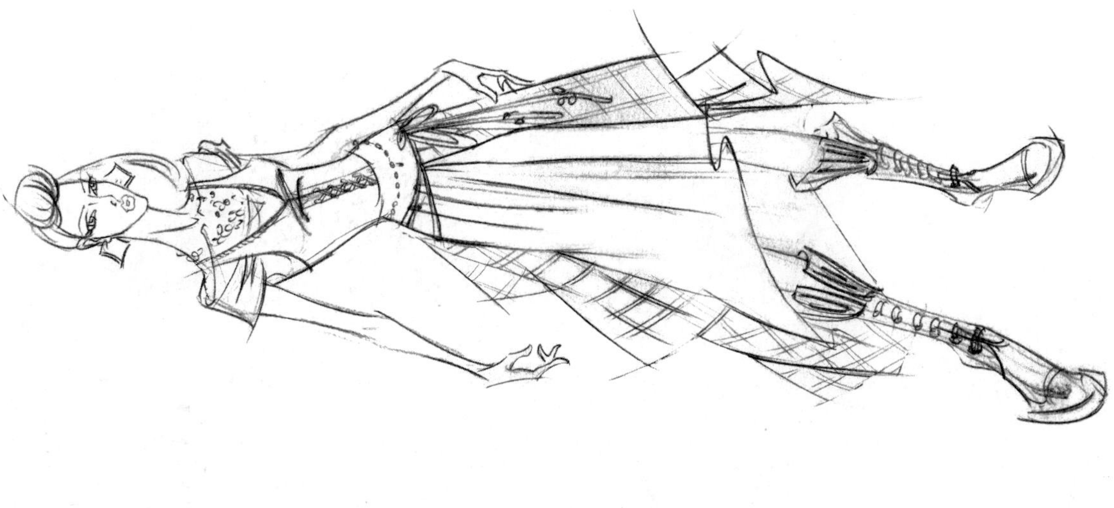

图5-41 马克笔表现技法图例二（步骤1）

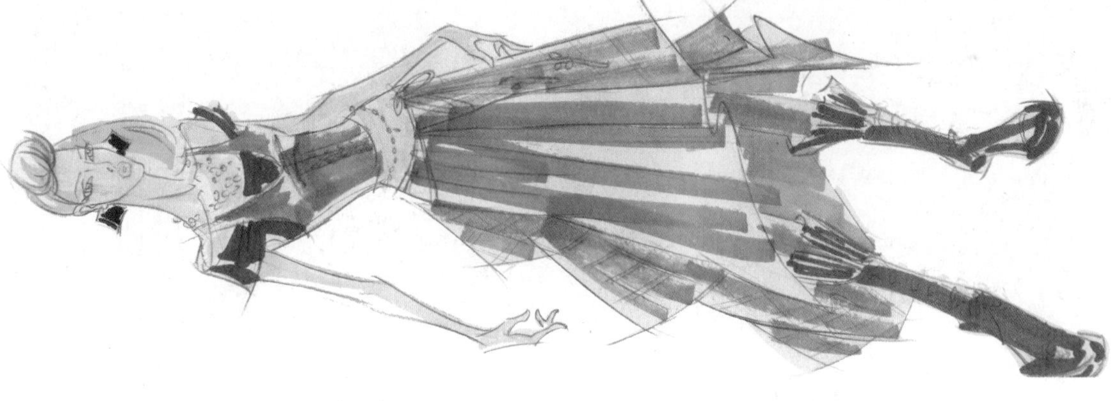

图5-42 马克笔表现技法图例二（步骤2）

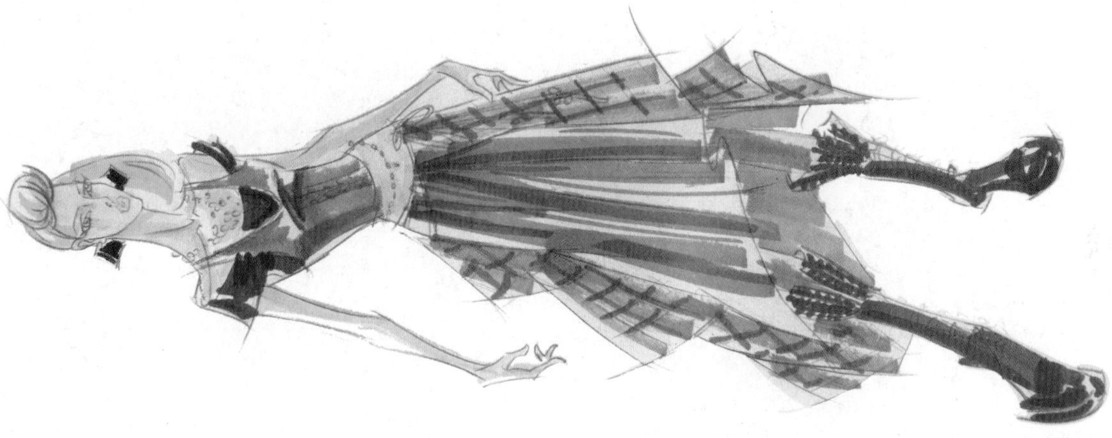

图5-43 马克笔表现技法图例二（步骤3）

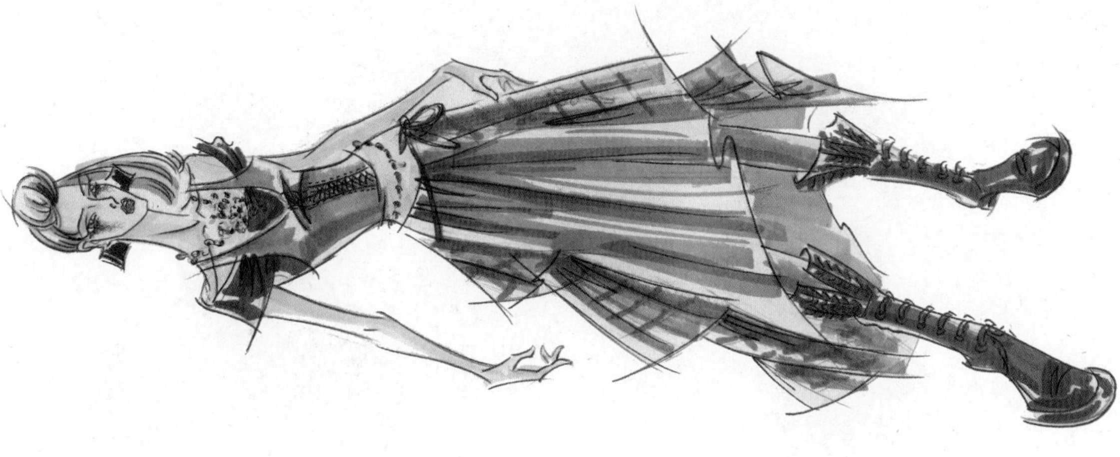

图5-44 马克笔表现技法图例二（步骤4）

图5-45 马克笔表现技法图例一

图5-46 马克笔表现技法图例二

第六章 服装画色彩稿作品分析

服装画色彩稿作品分析是本书的最后一个章节，它既是对前面知识的总结，也是为服装画学习的进一步积累拓展了一个新视野。为此特地选择了一些不同技法、不同风格的服装画作品，使我们有机会了解到作品的主题风格与表现形式之间的内在联系。

第一节 独立式形象

独立式人物形象是服装画学习的基础，它是通过单独的人物形象以及相关的动态设计来展示作品的内在精神。

1.图例一作品

作品采用水彩表现技法，画面明度控制在同一层面中，用笔泼辣、技法娴熟，结合夸张的轮廓线更加强了画面的张力。（见图6-1）

图6-1 独立式形象图例一

2.图例二作品

作品采用水彩表现技法，材质、光感的刻画细致入微，画面层次丰富，充分发挥出了水彩特点。（见图6-2）

图6-2 独立式形象图例二

3.图例三作品

作品采用水彩表现技法，用笔简洁、概括但又不失细节，大量有意识的留白使得画面效果更显得轻松、简练。（见图6-3）

图6-3 独立式形象图例三

4.图例四作品

作品采用水彩表现技法，笔法大气而娴熟，材质、细节的刻画细致入微，画面层次丰富，充分发挥出了水彩特点。（见图6-4）

5.图例五作品

作品采用水粉表现技法，用笔肯定，在材质和细节的刻画细致入微，画面层次丰富，画面效果轻松而有张力。（见图6-5）

图6-5 独立式形象图例五

图6-4 独立式形象图例四

6.图例六作品

作品采用水粉表现技法，笔法简练但又不失细节，画面表现概括而生动，画面效果轻松活泼。（见图6-6）

7.图例七作品

作品采用马克笔表现技法，用笔简练、大气，画面生动而概括，同时也有精致的细节，画面效果夸张而有张力，富有趣味性。（见图6-7）

图6-6 独立式形象图例六

图6-7 独立式形象图例七

第二节 "1+1"式形象

"1+1"式的形象组合并不是数量上的简单相加，而是通过人物之间不同的动态组合、形象设计、服饰搭配以及色彩、款式之间的相互呼应，来表现作品的主题风格。

1.图例一作品

生动、逼真的动态描绘是情景式服装画的关键，整个画面酣畅淋漓，充分发挥出了水彩轻松、自由的艺术特点。（见图6-8）

图6-8 "1+1"式形象图例一

2.图例二作品

背对背式的人物造型设计独具匠新，油画棒以及刮刀工具的运用，使得材料的视觉肌理更为逼真。（见图6-9）

图6-9 “1+1”式形象图例二

3.图例三作品

作品以60年代服装风尚为背景资料进行的演绎，通过运用水粉的表现技法，清晰地再现出60年代服装的款式造型及色彩搭配等特点，背景的处理也更好地烘托出画面的整体效果。（见图6-10）

图6-10 “1+1”式形象图例三

4.图例四作品

该作品以色粉笔为主要表现工具，夸张的笔触将紧胸、阔摆的外轮廓展现得淋漓尽致。正面与侧面的动态组合，配合优雅的肢体语言，使人与衣得以美完结合。（见图6-11）

图6-11 “1+1”式形象图例四

5.图例五作品

分别由几个单元组成，作品中背景的处理手法、人物动态的设计以及表现技法的运用都各具特色。（见图6-12）

图6-12 “1+1”式形象图例五

6.图例六作品

该作品以水彩为主要表现工具，用笔随性、大气，夸张的笔触将宽松的休闲裤的外轮廓展现得轻松概括，局部细节的刻画又不失细致。两人面向而立的动态组合，加以轻松的肢体语言，使得画面轻松而活泼。（见图6-13）

图6-13 “1+1”式形象图例六

7.图例七作品

该作品以水彩为主要表现工具，笔法简练、概括，大量的留白使得画面效果轻松、透气，局部背心上花纹的刻画简练而不失细节。以大色块的背景加以存托，使得画面夹丰富而富有张力。（见图6-14）

图6-14 “1+1”式形象图例七

第三节 组合式形象

组合式是由多个人物形象组合而成，以系列化的服装形式出现，广泛应用于商业服装设计、参赛服装设计等方面。整体的统一、协调以及不同局部的创造性表现是组合式形象设计的关键。

1.图例一作品

画面动静结合，肢体语言符合儿童特征。为突破单一的平均排列，在构图上选择了“1+2”的形式，并采用滑板车这一常见的儿童道具，使个体有机结合起来。小孩面部的着笔不必过多，但五官神态的刻画尤为重要，因此，适当的变形、夸张必不可少。作品中，三名儿童的肤色深浅各异，充分体现出了“一个家园”的设计理念。（见图6-15）

图6-15 组合式形象图例一

2.图例二作品

该作品充分利用色纸这一特殊的道具，使画面的整体性得到进一步的加强，着笔不多，服装的款式却得以清晰再现。（见图6-16）

图6-16 组合式形象图例二

3.图例三作品

为打破“水平线式”的单一构图模式，作品在人物形象的设计上做到了动静结合、错落有致，并通过手、脚、眼神的相互配合以及人物性别的穿插排列使得画面更加生动、饱满。（见图6-17）

图6-17 组合式形象图例三

4.图例四作品

作品采用水彩与彩铅相结合的表现技法，既有完整的画面效果，同时也兼具局部的描绘。另外，不同材料的肌理表现以及图案、配件的运用都起到了丰富画面的作用，体现出新新人类的着装风尚。（见图6-18）

图6-18 组合式形象图例四